绿茶密码

——制茶、评茶、泡茶

主　编　傅丹婷　何颖丽　施春燕

副主编　郭馥妮　赵媛媛　吴海明

陈聪玮　黄益飞

西南交通大学出版社

·成 都·

图书在版编目（CIP）数据

绿茶密码：制茶、评茶、泡茶 / 傅丹婷，何颖丽，施春燕主编. -- 成都：西南交通大学出版社，2024.5
ISBN 978-7-5643-9812-5

Ⅰ. ①绿… Ⅱ. ①傅… ②何… ③施… Ⅲ. ①绿茶 - 制茶工艺②绿茶 - 品鉴 Ⅳ. ①TS272.5

中国国家版本馆 CIP 数据核字（2024）第 089958 号

Lücha Mima—Zhicha、Pingcha、Paocha
绿茶密码——制茶、评茶、泡茶

主　编 / 傅丹婷　何颖丽　施春燕

责任编辑 / 居碧娟
封面设计 / 原谋书装

西南交通大学出版社出版发行
（四川省成都市金牛区二环路北一段 111 号西南交通大学创新大厦 21 楼　610031）
营销部电话：028-87600564　028-87600533
网址：http://www.xnjdcbs.com
印刷：成都勤德印务有限公司

成品尺寸　185 mm × 260 mm
印张　12.5　字数　254 千
版次　2024 年 5 月第 1 版　印次　2024 年 5 月第 1 次

书号　ISBN 978-7-5643-9812-5
定价　45.00 元

课件咨询电话：028-81435775
图书如有印装质量问题　本社负责退换

编写人员

主　　编：傅丹婷　何颖丽　施春燕

副 主 编：郭馥妮　赵媛媛　吴海明　陈聪玮

　　　　　黄益飞

编　　委：毛永成　应桃园　俞宁之　李　丽

　　　　　冯晓雯　傅凯杰　林春苗

参与人员：李　杉　俞舒雨　沈毓昊　周嘉盛

　　　　　孔王磊　朱茹怡　孙思怡　李泽楷

　　　　　葛陈颖　俞程淇　刘　岚　倪鸿宇

　　　　　杨佳仪　裘贝贝　黄诗语　丁佳慧

　　　　　丁昕炜　张　乐　姚鸿超　闻天乐

前言

“手工制茶”是一门技术性、实践性较强的核心课程。该课程主要讲授绿茶的加工原理、加工工艺、审评鉴别与绿茶冲泡等技能。

通过本课程各教学环节，学生应掌握茶叶生产与加工、茶叶营销、茶文化传播、评茶员、茶艺师等职业岗位群工作所必须具备的基本知识、基本原理和基本技能；能合理运用所学知识和技能，提高制茶品质，提升评茶能力，展现茶艺技巧；在茶叶加工、评茶、茶艺实践中具备发现问题、分析问题和解决问题的能力；能独立指导和组织茶艺表演，能总结和推广先进制茶技术，能协助本地茶农提升茶成品质量。

课程内容为制茶、评茶及泡茶3个知识模块，形成绿茶茶学教学的闭环体系，以“培养学生知茶懂茶能力”为目标，紧紧围绕绿茶所需基本知识选取课程内容。三个模块互为依托，有机结合，既相互联系又各有侧重。实践教学是课程的主体，重在制茶的手法、评茶的流程、茶艺的技巧传授与学习，提高学生观察分析能力、动手能力及实践研究能力，并在学期末从茶艺展示、茶叶冲泡质量、茶叶品鉴三方面对学生进行综合考核。

“制茶”主要包括茶的分类、萧山茶历史、鲜叶知识以及手工绿茶制作的工艺。

“评茶”主要包括茶叶审评的基础知识、绿茶审评术语、茶叶优次鉴别、茶叶缺陷产生的原因及改进措施。

“泡茶”主要包括中国茶艺的介绍、茶艺服务人员的基本素养、不同区域茶礼、茶具介绍、茶艺仪容仪态的修习、行茶基础动作、奉茶与饮茶基础动作、绿茶冲泡教学。

本书由傅丹婷、何颖丽、施春燕担任主编，并负责统稿。傅丹婷编写项目五、六、七；何颖丽编写项目十；施春燕编写项目四；郭馥妮、赵媛媛、黄益飞、吴海明编写项目十一、十二；李丽、冯晓雯编写项目一、项目二；毛永成、应桃园编写项目八、项目九；俞宁之编写项目十三；傅凯杰、林春苗编写项目三。

编　者

2023年11月

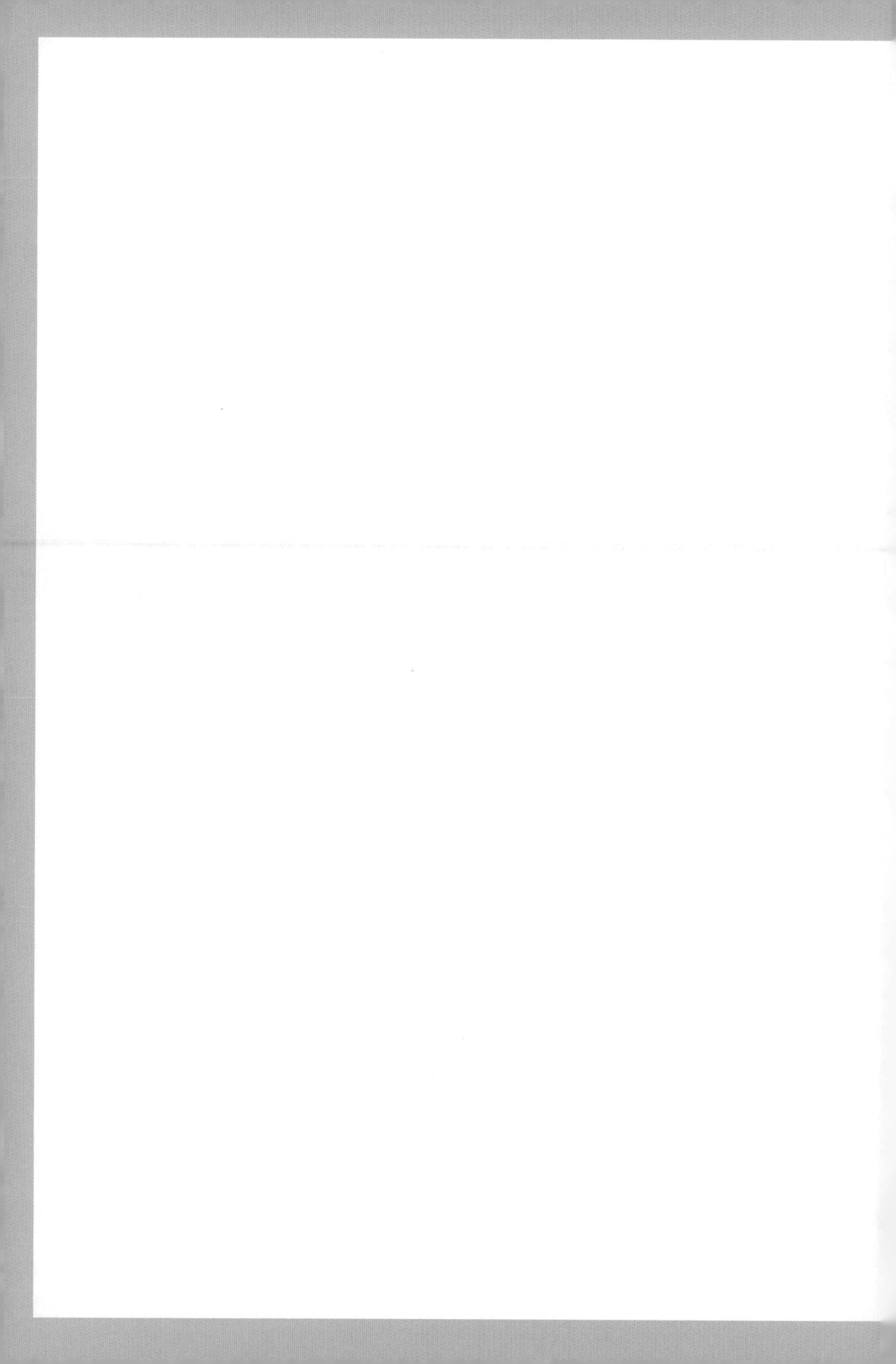

资源目录

续表

序号	视频资源名称	资源类型	所属章节	页码
22	中国茶艺的前世今生	本课资源	项目八 细说绿茶艺术	097
23	茶艺服务的职业修养	本课资源	项目八 细说绿茶艺术	102
24	不同地域的茶艺接待礼仪	本课资源	项目八 细说绿茶艺术	106
25	茶中真味——茶具	本课资源	项目九 茶具介绍	116
26	仪容仪态修习	本课资源	项目十 绿茶茶艺仪容仪态修习	132
27	叠茶巾	本课资源	项目十一 绿茶行茶基础动作修习	136
28	布具	本课资源	项目十一 绿茶行茶基础动作修习	140
29	翻杯	本课资源	项目十一 绿茶行茶基础动作修习	142
30	温具	本课资源	项目十一 绿茶行茶基础动作修习	152
31	取茶、赏茶	本课资源	项目十一 绿茶行茶基础动作修习	159
32	摇香	本课资源	项目十一 绿茶行茶基础动作修习	161
33	注水基础动作	本课资源	项目十一 绿茶行茶基础动作修习	164
34	奉茶与饮茶	本课资源	项目十二 绿茶奉茶与饮茶基本动作	171
35	绿茶冲泡	本课资源	项目十三 绿茶冲泡	182
36	红茶盖碗冲泡	拓展资源	项目十三 绿茶冲泡	182
37	乌龙茶小壶冲泡	拓展资源	项目十三 绿茶冲泡	182
38	宋代点茶	拓展资源	项目十三 绿茶冲泡	182
39	茶席插花缘起	拓展资源	四季茶学，春华秋实	188
40	四季茶席插花	拓展资源	四季茶学，春华秋实	188

REEN
TEA

目录

模块一

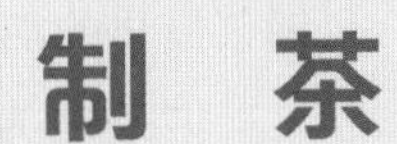

制　茶

项目一　趣说绿茶分类

学习目标

- 了解绿茶的类别。
- 知道各类绿茶的品质特征。
- 知道各类绿茶的加工工艺及分类。
- 了解四大产区及主要名优绿茶。

技能目标

- 学会将绿茶进行准确分类。
- 学会介绍一款名优绿茶。

素质培养目标

- 通过学习本章内容，树立严谨、细致、认真的做事风格，培养介绍茶品的语言表达能力。

任务一 绿茶的分类

绿茶是我国历史上出现最早的茶类，古代先民采集野生茶树芽叶晒干后收藏，这是绿茶最早的加工方式，距今至少已有三千多年的历史。

“茶之为饮，发乎神农氏，闻于鲁周公，兴于唐，盛于宋元明清，百花齐放，繁及一时。”传说在公元前2700多年以前的神农时代，神农为了普济众生，采草药，尝百草，虽日遇七十二毒，得茶而解之。神农遂名之曰“荼”，这便是茶最早的名字。而后茶圣陆羽在写《茶经》时，将荼减少1画，改写为茶，自此，茶字的音、形、义便固定下来。

鲜叶采摘后，直接经过杀青、揉捻、干燥等工序制成的成品茶，其主要特点为清汤绿叶，我们称之为绿茶。绿茶的加工可分为采摘、摊青、杀青、揉捻和烘干5个步骤，其中最关键的步骤在于杀青。鲜叶通过杀青，使所含的酶的活性钝化，内含的化学物质由热力作用进行物理化学变化，从而形成了绿茶“汤清叶绿”的品质特征。

绿茶根据杀青和干燥方式的不同，可分为蒸青绿茶、炒青绿茶、烘青绿茶以及晒青绿茶。

绿茶的分类

茶类名	制作工艺	代表产品	品质特点
蒸青绿茶	鲜叶经过蒸汽杀青加工而成	湖北恩施的恩施玉露、当阳的仙人掌茶、江苏宜兴的阳羡茶、广东湛江的雄鸥勇士牌蒸青绿茶	外形紧细挺直，呈针状，色泽翠绿油润，有光泽，白毫显露，汤色通透清亮，呈浅黄绿色，有清香，滋味鲜香醇爽
炒青绿茶	用滚筒或锅炒干的绿茶	洞庭碧螺春、杭州西湖龙井、南京雨花茶、金奖惠明、高桥银峰、韶山韶峰、安化松针、古丈毛尖、江华毛尖、大庸毛尖、信阳毛尖、桂平西山茶、庐山云雾、午子仙毫	外形紧结，色泽绿润，香气清高持久，汤色嫩绿明亮，滋味鲜爽回甘，叶底嫩绿匀齐（长炒青、圆炒青、扁炒青）
烘青绿茶	用烘焙方式干燥的绿茶	黄山毛峰、太平猴魁、六安瓜片、敬亭绿雪、天山绿茶、顾诸紫笋、江山绿牡丹、峨眉毛峰、金水翠峰、峡州碧峰、南糯白毫	外形条索尚紧直，有锋苗，显白毫，色泽深绿油润，香气清纯，汤色黄绿且明亮，滋味鲜爽
晒青绿茶	利用日光晒干的绿茶	晒青茶中质量以云南大叶种所制的滇青最好。滇青生产已有千年历史，是制造沱茶和普洱茶的优质原料	外形粗壮，色泽深绿尚油润，香气浓醇，汤色黄绿明亮，滋味浓尚醇，收敛性强

1. 蒸青绿茶

该茶以茶树的鲜叶、嫩茎为原料，经蒸汽杀青、揉捻、干燥、成型等工序制成的绿茶产品。蒸汽的高效瞬时杀青效果，造就了蒸青绿茶色泽墨绿泛青、汤色嫩绿、叶底青绿、无筋骨的品质特征，凸显了绿茶的 “三绿”。

蒸青绿茶

2. 炒青绿茶

该茶在初加工过程中，其干燥方式以炒为主（或全部炒干），形成的香气清高持久、滋味鲜爽回甘。其主要分为长炒青、圆炒青、扁炒青 3 大类。

（1）长炒青

该茶外形条索紧结有锋苗，色泽绿润；香气高鲜持久，汤色嫩绿明亮，滋味浓厚爽口，富收敛性，叶底嫩匀、嫩绿明亮。

长炒青精制后称眉茶，成品的花色有珍眉、雨茶、贡熙、秀眉、绿茶末等。

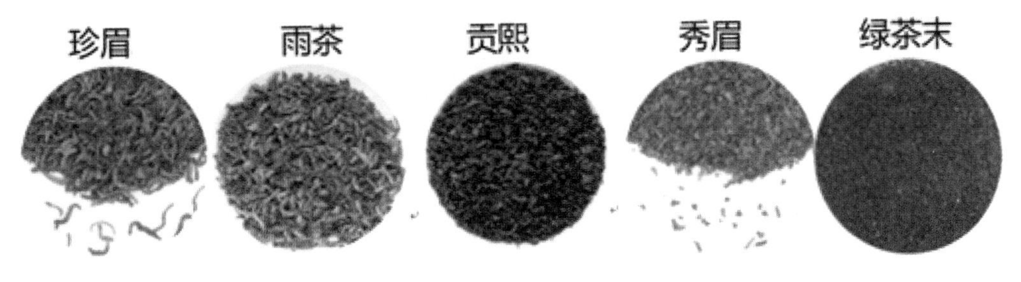

长炒青绿茶种类

（2）圆炒青

该茶外形颗粒圆紧，匀称重实似珍珠，色泽绿润，汤色黄绿明亮，内质香气清纯，味醇而爽口，叶底芽叶完整、有盘花芽叶，明亮。

圆炒青又称平炒青，制成出口珠茶称“平水珠茶”或“平绿”。

平水珠茶

（3）扁炒青

扁平形：如西湖龙井、旗枪、大方。外形扁平光滑，挺秀尖削，长短大小均匀整齐，芽峰显露，色泽翠绿带嫩黄；内质香气高鲜，滋味甘醇爽口，汤色杏绿清澈明亮，叶底嫩绿成朵。

卷曲形：如洞庭碧螺春、都匀毛尖、蒙顶甘露、松萝绿茶。

针形：如南京雨花茶、安化松针。

直条形：如信阳毛尖。

西湖龙井与信阳毛尖

3. **烘青绿茶**

该茶在初加工过程中，其干燥方式以烘为主（或全部烘干），形成的是香气清高鲜爽、滋味清醇甘爽的风格。

（1）普通烘青

该茶外形成朵或条索紧直有毫，显锋苗，色泽深绿油润；内质香气清高，汤色清澈明亮，滋味鲜醇，叶底嫩绿匀亮。普通烘青通常作为高级绿茶直接饮用，或供作窨制各种花茶的茶坯。

普通烘青与茉莉花茶

（2）特种烘青

该茶早春时摘取一芽一叶或二叶的幼嫩芽叶采用烘干的方式制成的绿茶产品。

芽形：如金寨翠眉、无锡毫茶。

雀舌形：如黄山毛峰、敬亭绿雪。

尖形：如太平猴魁、黄花云尖。

片形：如六安瓜片。

朵形：如岳西翠兰。

4. 晒青绿茶

该茶在初加工过程中，其干燥方式以晒干为主（或全部晒干），形成的是香气清高、滋味浓厚、有日晒气味的风格。外形条索粗壮，显白毫，色泽青褐微黄，内质汤色橙黄，香气清高持久，有不同程度的日晒气味，滋味浓厚，收敛性强，叶底肥软厚实、黄亮。晒青绿茶有滇青、川青等，以云南大叶种的滇青品质最好。

晒青绿茶

4 种绿茶的加工工艺和品质风格的比较如下表。

绿茶的加工工艺和品质风格的比较

绿茶种类	干燥方式	外形	色泽	香气	汤色	滋味
蒸青绿茶	蒸汽杀青	细紧、呈针状	鲜绿或墨绿油润有光	清鲜	绿亮	鲜醇
炒青绿茶	滚筒或锅炒	紧结	绿灰	纯正	绿明	浓爽
烘青绿茶	热风烘干	完整	深绿油润	清高	清澈明亮	鲜醇
晒青绿茶	太阳晒干	壮结	青褐	清高	黄绿明亮	浓，收敛性强

利用网络资源，查查绿茶的传说故事以及饮茶的演变。

请将茶艺室的茶叶进行分类，并完成下表。

茶类	茶名称
炒青绿茶	
烘青白茶	
蒸青绿茶	
晒青绿茶	

请识别以下 3 种绿茶的类型。

绿黄白茶知多少

青红黑茶大揭秘

再加工类茶详解说

任务二　绿茶的产地

中国现有茶园面积110万公顷，涵盖21个省（区、市）、967个县。全国分四大茶区，即西南茶区、华南茶区、江南茶区和江北茶区。

我国四大茶区

西南茶区	华南茶区	江南茶区	江北茶区
包括云南、贵州、四川及西藏东部，是中国最古老的茶区。主产普洱茶、滇红功夫茶、都匀毛尖、蒙顶玉露、蒙顶黄茶、竹叶青、恩施玉露	包括广东、广西、福建、海南、台湾等，主产古劳茶、凌云白毫茶、铁观音、正山小种、白牡丹、凤凰水仙、凤凰单枞、广西六堡茶	长沙中下游南部，包括浙江、湖南、江西以及皖南、苏南、鄂南等地。西湖龙井，黄山毛峰、碧螺春、君山银计，广山云睿	长江中下游北岸，包括河南、陕西、甘肃、山东以及皖北、苏北、鄂北，主产六安瓜片、信阳毛尖

一、西南茶区

茶区位于中国西南部，是中国最古老的茶区，包括云南、贵州、四川及西藏东部。云贵高原是茶树原产地的中心。

该区域地形复杂，海拔高低悬殊，气候差别很大，大部分属于亚热带季风气候，冬不寒冷，夏不炎热。云贵高原年均气温为14 ~ 15 ℃，土壤类型亦多，主要有红壤、黄红壤、褐红壤、黄壤等。在滇中北多为赤红壤、山地红壤和棕壤。土壤条件与江南茶区相比，有机质的含量较为丰富。该茶区由于气候条件较好，茶树资源较多，灌木型、小乔木型、乔木型茶树均有分布。加工的茶类主要有红茶、绿茶、黑茶、黄茶、花茶等。

西南茶区

以下着重介绍西南茶区的都匀毛尖和竹叶青。

1. **都匀毛尖**

都匀毛尖产于贵州省黔南布依族苗族自治州都匀市，是中国十大名茶之一。其外形条索紧结，纤细卷曲，披毫，色绿翠。内质香清高，味鲜浓，叶底嫩绿匀整明亮。味道好，具有生津解渴、清心明目、提神醒脑、去腻消食、抑制动脉粥样硬化、降脂减肥以及防癌、防治坏血病和护御放射性元素等多种功效与作用。

都匀毛尖茶选用当地的苔茶良种，具有发芽早、芽叶肥壮、茸毛多、持嫩性强的特性，内含成分丰富。都匀毛尖有“三绿透黄色”的特色，即干茶色泽绿中带黄，汤色绿中透黄，叶底绿中显黄。成品都匀毛尖色泽翠绿、外形匀整、白毫显露、条索卷曲、香气清嫩、滋味鲜浓、回味甘甜、汤色清澈、叶底明亮、芽头肥壮。

都匀毛尖

2. **竹叶青**

竹叶青茶产于海拔 800 ~ 1200 米、山势雄伟、风景秀丽的四川省峨眉山。这里群山环抱，终年云雾缭绕；翠竹茂密，于茶树生长十分适宜。峨眉竹叶青扁平光滑，翠绿显毫，形似竹叶，色泽嫩绿油润；内质嫩，香持久；汤色嫩绿明亮，滋味鲜嫩醇爽；叶底黄绿均匀。用于制作竹叶青茶的鲜叶十分细嫩，加工工艺十分精细，一般在清明前 3 ~ 5 天开采，标准为一芽一叶或一芽二叶初展，鲜叶嫩匀，大小一致。适当摊放后，经高温杀青、三炒三凉，采用抖、撒、抓、压、带条等手法，做形干燥，使茶叶具有扁直平滑、翠绿显毫、形似竹叶的特点；再进行烘焙，茶香益增，成茶外形美观，内质十分优异。

竹叶青

竹叶青茶可以解渴消暑，解毒利尿。其味清香可口，其色微黄淡绿，其汤晶莹透亮，具有生津止渴、消热解毒、化痰的功效。

二、华南茶区

华南茶区地处中国南部，范围包括广东、广西、福建、台湾、海南等省（区）。

该区的大部分地方土质为赤红壤，少部分为黄壤。茶园在森林的覆盖下，土壤非常肥沃，含有大量的有机质，是中国各区中最适宜茶树生长的地区。

这里有乔木、小乔木、灌木等多种类型的茶树品种，茶资源极为丰富，出产绿茶、红茶、乌龙茶、花茶、白茶等，其所产的大叶种（乔木型和小乔木型）红碎茶，茶汤浓度非常好。除了福建北部、广东北部和广西北部等少数地区外，年平均气温为 19 ~ 22 ℃，最低的一月份平均气温也在 7 ~ 14 ℃。茶生长期在 10 个月以上。该区年降水量一般在 1200 ~ 2000 毫米，其中台湾的年降水量常超过 2000 毫米，年降水量是中国茶区 中最多的。

华南茶区

以下着重介绍华南地区的古劳茶和凌云白毫茶。

1. 古劳茶

古劳茶由客家人创制于宋朝，是我国的一种传统名茶。古劳茶树分青芽型和红芽型两种类型。前者称青蕊，后者称红蕊。红芽型鲜叶制成的古劳茶香低，青芽型鲜叶制成的古劳茶香气清高。古劳银针多采用青芽型鲜叶加工而成。

古劳茶

历史上经炒揉好的古劳毛茶，放入温度高达 300 ℃以上的滚筒中滚炒。当茶叶发出焦香味，手搓即成叶屑时为宜。正如《桐君录》中所说，“取为屑茶饮”。古劳茶因有独特的高火香味，故称为“火花香茶”，具有头泡火气味、二泡糖香生、三泡神怡然、再泡味尚醇的特色。元代耶律楚材有称颂岭南茶诗：“高人惠我岭南茶，烂尝飞花雪没车，玉屑三瓯烹嫩蕊，青旗一叶碾新芽。”古劳银针的品质特点是条索紧结、圆直如针，色泽银灰显毫，香气高纯持久，滋味醇和回甘，汤色绿而明亮，叶底细嫩匀整。

2. 凌云白毫茶

凌云白毫茶，因其叶背长满白毫而得名，主产于广西凌云县四季云雾缭绕的岑王老山、青龙山一带。优质凌云白毫茶外形条索紧结，白毫显露，形似银针；茶汤香气馥郁持久，滋味浓醇鲜爽，回味清甘绵长，有板栗香，可以助消化、解腻利尿、提神醒目。

凌云白毫茶品质以清明至谷雨阶段采制的为好，清明前 3 ~ 4 天的为佳。特别是清明这一天采制的白毫，泡于杯中，叶柄朝下，芽头向上，渐渐下沉，最后竖立于杯中，犹如破土的春笋，令人未品就感到妙趣横生。白毫茶加工更是独具匠心：摊放时间较长，杀青程度偏重，小火长时间多次慢抛炒干，如此做法有利于增加茶叶的香气。

所制绿茶呈翠绿螺形，白毫显露，茶汤通透温润，黄绿明亮。香气浓郁持久，回味甘甜悠长。凌云白毫茶加工的绿茶类代表产品有白毫王、白毫银针、凌螺王、特级凌螺春等。

凌云白毫茶

三、江南茶区

年产茶量非常高，占全国总产量的 2/3，是名优绿茶最多的茶区。

江南茶区位于长江中、下游南部，是目前中国绿茶生产最集中的茶区，主要包括湖南、江西以及江苏南部、浙江和安徽南部、湖北南部等地区。茶区主要分布在低矮的丘陵地带，少数在海拔较高的山区。茶区土壤主要为红壤，部分为黄壤，也有少量的冲积壤。

江南茶区四季分明，年平均气温为 15 ~ 18 ℃，年降水量 1400 ~ 1600 毫米，春夏降水量最多，占全年的 60% ~ 80%，秋季较为干旱。此区主要有灌木型中叶种和灌木型小叶种，还包括少量小乔木型中叶种和小乔木型大叶种。其中，小乔木型中叶种茶树植株中等大小，分枝比较密集，树姿呈半展开状。生产的主要茶类有绿茶、红茶、黑茶、花茶以及品质各异的特种名茶，诸如西湖龙井、黄山毛峰、洞庭碧螺春、君山银针、庐山云雾等。

江南茶区

以下着重介绍江南茶区的西湖龙井和碧螺春。

1. 西湖龙井

西湖龙井是绿茶中最负盛名的茶之一，位列中国十大名茶之首。它产于西湖周围的群山之中，距今已有 1200 多年的产茶历史，在明代被列为上品，清顺治开始被列为贡品。清乾隆游览西湖时，盛赞龙井茶，并把狮峰山下的十八棵茶树封为“御茶”。西湖龙井以“色绿、香郁、味甘、形美”闻名天下。西湖龙井根据产区有“狮龙云虎梅”5 个品类，分别在狮峰、龙井村、云栖、虎跑、梅家坞一带，其中狮峰龙井品质最佳。

干茶形状扁平挺直，色泽绿中带有糙米黄，泛有光泽；内质汤色清澈透亮，黄中带绿；香气清高持久，有兰花豆或炒豆的馥郁之香；鲜香爽口，唇底留芳；叶底色泽黄绿，细嫩匀直，芽叶成朵。正如古人所云：“龙井茶真品，甘香如兰，幽而不冽，味之淡然，似乎无味，过后有一种太和之气，弥沦齿颊之间，此无味乃至味也。”

龙井茶的炒制绝对是个技术活儿。炒茶师傅把堆青好的青叶放入加热到 220 ℃以上的锅中，一次投叶量为 70 克左右。把茶叶摊成手掌大小，然后用手压着茶叶沿着高温的锅底不断翻炒。用抖、搭、拓、捺、甩、抓、推、扣、压、磨（号称“十大手法”）进行炒制而成。除了手法要娴熟，对火候的把控拿捏也要精准，只有这样才能炒制出色、香、味、形俱佳的龙井茶。

2. 碧螺春

碧螺春是中国传统名茶，中国十大名茶之一，属于绿茶类，产于江苏省苏州市的东洞庭山及西洞庭山（今苏州吴中区）一带，所以又称“洞庭碧螺春”。

此茶已有1000多年历史，当地民间最早叫洞庭茶，又叫吓煞人香。相传有一尼姑上山游春，顺手摘了几片茶叶，泡茶后奇香扑鼻，脱口而道“香得吓煞人”，由此当地人便将此茶叫“吓煞人香”。到了清代康熙年间，康熙皇帝视察时品尝了这种汤色碧绿、卷曲如螺的名茶，倍加赞赏，但觉得“吓煞人香”其名不雅，于是题名“碧螺春”。

碧螺春

洞庭碧螺春产区是中国著名的茶、果间作区，茶树、果树枝丫相连，根脉相通，茶吸果香，花窨茶味，陶冶着碧螺春花香果味的天然品质。正如明代《茶解》中所说：“茶园不宜杂以恶木，唯桂、梅、辛夷、玉兰、玫瑰、苍松、翠竹之类与之间植，亦足以蔽覆霜雪，掩映秋阳。”茶树、果树相间种植，令碧螺春茶独具天然茶香果味，品质优异。

四、江北茶区

江北茶区地形复杂，气温较其他产茶区偏低，是中国四大茶区中位置最北的产茶区。江北名茶的种类相对要少一些，出产最多的品种是绿茶，包括传统的六安瓜片、信阳毛尖及名茶新锐崂山茶等，但也正由于独特的小气候环境，这些名茶也具备了其他名茶所不具备的优点。

江北茶区位于长江以北、秦岭淮河以南，以及山东半岛部分地区，主要包括甘肃南部、陕西南部、湖北北部、河南南部、安徽北部、江苏北部、山东东南部等地。江北茶区的地形比较复杂，茶区土壤多为黄棕土，常出现黏盘层；部分茶区土壤为棕壤；不少茶区土壤酸碱度偏高，是中国南北土壤的过渡类型。

因常年气温较低且冬季时间较长，年平均气温为 15 ~ 16 ℃，所以茶树易遭冻害。但也正因昼夜温度差异大，茶树自然品质也好，尤其是产出的绿茶香高味浓。江北茶区降水量偏少，一般为 800 ~ 1100 毫米，且夏季多而冬季少，分布也不均匀，因此茶树新梢的生长时间比较短，采茶时间只有 180 天左右，产量较低，但并没有影响茶叶品质。茶树大多为灌木型中叶种和小叶种，抗寒性较强，也是中国栽培最多的茶树品种。这类茶树树冠较矮小，树高通常只有 1.5 ~ 3 米；根系分布较浅，侧根发达；主干与分枝不明显，分枝多于近地面根茎处密集生出，茶树叶片小。

江北茶区

以下着重介绍江北茶区的信阳毛尖、六安瓜片。

1. 信阳毛尖

信阳毛尖，又名豫毛峰，是中国传统十大名茶之一，也是河南著名特产。信阳毛尖取芽头制茶，茶叶品质优异，生津止渴、清心明目效果好，还具有促进消化、解油腻的保健功能。“细、圆、光、直、多白毫、香高、味浓、汤色绿”是其独特风格。早在北宋，大文学家苏东坡就曾称赞“淮南茶，信阳第一”。1915 年巴拿马万国博览会上，信阳毛尖与贵州茅台同获金质奖；1990 年，信阳毛尖品牌参加国家评比，获得绿茶综合品质第一名。信阳毛尖也被誉为“绿茶之王”。

信阳素有“豫南明珠”之称，一直到今天，信阳仍以风光秀美冠绝于中原。崇山峻岭间，云雾缭绕，溪流淙淙，层峦叠翠。降雨量大，空气湿润，而且雨水集中在春夏之交，利于茶树生长。

因为气温低于南方，所以信阳的茶园开园晚、封园早。一到冬天，北风吹来，雪花纷纷，万物肃杀，唯有茶树依然郁郁苍苍，以苍翠立于山间。为了给茶树足够的能量，茶农们每年秋天都会给茶树封根培土，以便让它们安然过冬。因为休养生息的时间比较长，所以信阳毛尖茶叶的内含物丰富，氨基酸、咖啡碱、儿茶素、茶多酚等营养物质含量高，水浸出率一般为43%，最高可达46.5%，均高于南方茶叶。这也是信阳毛尖口感醇厚、香高味浓、多次冲泡后香味犹存的原因所在。

信阳毛尖

2. 六安瓜片

六安瓜片是制作工艺最复杂的绿茶。唐代《茶经》中就提到过茶区有“庐州六安”。到了明代，六安茶被尊为“茶之极品”，清代为朝廷贡品。瓜片真正形成于清末，相传是为袁世凯特制的茶。六安瓜片是绿茶中的特种茶，采摘当地的特有品种，只取单片壮叶为茶青。茶叶内含物丰富，营养价值高，是中国唯一的单叶片茶。制作过程复杂，对火工要求极高，经过独特的加工工艺形成了瓜子形状的片茶，故而得名。

六安瓜片产区位于大别山北麓，茶园集中在六安、金寨、霍山三县相连山区和低山丘陵地区，生态环境优越。这几处山脉平均海拔500米，山上森林茂密，覆盖率在50%以上，郁郁葱葱的林木上方云雾缥缈，林下溪水潺潺，空气湿度很高，常年在80%以上。而山下竹林成荫，一排排沿着山脚蔓延，像卫士一样守护着核心产区。

六安瓜片

茶区年平均气温在 15 ℃左右，年平均降雨量 1200 ～ 1300 毫米。茶区的土质以黄棕壤为主，呈弱酸性，土质疏松，土层较厚，微量元素含量高。这些保证了茶树育芽能力强，在光合作用下能形成更多的有机物和营养物质。

这就是六安瓜片的生长环境，不但山高、云多、湿度大，而且气温适宜、日照时间短，再加上土壤松软，土质肥沃且偏酸性，茶树的生长条件得天独厚。每天云雾滋润着绿油油的叶片，使其愈发肥厚，决定了其经久耐泡的品质。周围果木、竹林、野花丛生，植物之间共生共长，互相吸附彼此的气息，使得六安瓜片有种特殊的香气。

利用网络资源，查查四大产区还有哪些名优绿茶，选择一款，对茶叶产地、来源、茶叶品质、工艺等进行介绍。

茶的出生地

项目二　走访乡间茶话

学习目标

- 了解萧山制茶的历史与制茶工艺。
- 了解萧山不同地区盛产的绿茶品种。

技能目标

- 能介绍萧山绿茶的制茶工艺与品种。

素质培养目标

- 通过学习萧山制茶历史，提升对萧山绿茶的浓厚兴趣，了解萧山茶源远流长的文化历史。

知章故里龙井飘香——湘湖龙井

历史上萧山生产的茶叶知名度很高，能查到文字记载的，是在唐中叶，那时萧山就生产和制作茶叶，为浙江省 56 个产茶县之一。“茶，浙东越州上”，作为越州茶的产地之一，萧山种茶、采茶、制茶历史悠久。萧山茶曾以茗山茶、湘湖旗枪、浙江龙井等名称出现在茶文化史册。而湘湖龙井作为萧山茶叶的“金名片”，凭借形美、色翠、香郁、味醇和报春早的特点被称为“五绝”，先后被评为“中国杭州十大名茶”和“浙江省区域名牌农产品”。

你知道萧山茶的历史与品种有哪些吗？

湘湖龙井包装

湘湖龙井源自“湘湖齐枪”，始于明代。《中国土特名产辞典》记载，明万历年间湘湖茶农已研制出传承至今的湘湖旗枪茶，亦称杭州旗枪、萧山旗枪。《浙江事典》进一步溯源湘湖龙井原名湘湖旗枪。由此可见，湘湖旗枪在萧山久负盛名。

湘湖全貌

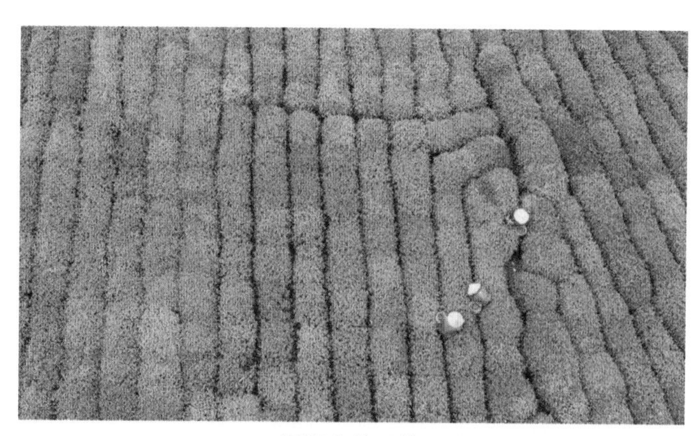

湘湖龙井采摘

曾经，萧山的闻堰、石岩、长河的茶农都参与湘湖旗枪的采制。随着时间的推移，萧山湘湖茶农的制茶手艺越来越精湛，成为湘湖旗枪的主力军。1960 年，湘湖旗枪改名为“湘湖龙井”；1966 年，复名湘湖旗枪；1980 年，为了萧山湘湖旅游产业发展的需求，又再次更名为“浙江龙井茶”；一直到 2008 年，萧山区茶业协会授“湘湖”商标，从而确立为“湘湖龙井”。至此，萧山茶历经了数十代茶农的传承与发展，成就了如今的杭州十大名茶——湘湖龙井。

湘湖龙井冲泡

湘湖龙井茶树品种

湘湖龙井适制茶树品种主要为群体种、鸠坑种、龙井 43 等，每年的 3 月中旬进入青叶采摘期，采摘标准为一芽一叶至一芽二叶初展。手工制茶主要包括青叶摊放—青锅—筛分—回潮—辉锅等工序。炒制过程要讲究手法与控温，需要在 80 ~ 220 ℃的锅温中进行操作，比如在青锅时需控制温度在 220 ℃左右，锅温要先高后低；而在辉锅时就需控制在 60 ~ 70 ℃，锅温由低—高—低依次进行。

“峡谷风霜仙龙井，妩媚碧翠绿波长”，湘湖龙井品质优异在于茶树的品种与生长环境以及传统的技艺。在萧山区第八批非物质文化遗产代表性项目名录中，“湘湖龙井手工炒制技艺”名列其中。

湘湖龙井具有外形平扁光滑、大小匀净、色泽嫩绿有光泽，香气清高持久、汤色嫩绿明亮、滋味甘醇爽口、经久耐泡、叶底幼嫩成朵等优异特征，被评为“中国杭州十大名茶”、浙江区域名牌农产品、浙江绿茶博览会金奖产品。

目前全区共有茶园面积2.08万亩，主要分布在所前、进化、戴村、义桥、闻堰等镇(街)。产茶区气候条件优越，气温适宜，土质深厚肥沃，有机质含量丰富，宜茶环境得天独厚。

近几年为推动湘湖龙井茶产业、茶事业的发展，区茶叶协会组织举办湘湖龙井手工炒制技术比武活动，以赛代训，切磋技艺。匠心铸品质，非遗传未来，让我们一起传承湘湖龙井手工制茶技艺，赋予茶叶更多的“生命力”。

梦回千里宋韵萧山——萧山“茗山茶”

“日铸雪芽，卧龙瑞草。瀑岭称仙，茗山斗好”，宋代盛行的“斗茶”就在萧山以西的湘湖一带举行。两宋时湘湖边生产的茗山茶已与当时全国的名茶如绍兴平水日铸雪芽茶、余姚瀑岭仙茗茶、长兴顾渚紫笋茶等齐名。著名政治家、诗人王十朋所作《会稽风俗赋》中，茗山茶被列为越州府（今绍兴市）的四大名茶之一，与当时的朝廷贡茶福建建安北苑龙凤团茶、浙江绍兴平水日铸雪芽茶、余姚瀑岭仙茗茶、长兴顾渚紫笋茶等齐名。这是萧山产茶、制茶、爱茶人皆知的荣誉。

湘湖龙井手工炒制

王十朋是浙江乐清人，少年时天资颖悟，每日诵读数千言。任绍兴府签判期间，他在绍兴府各县做深入调查，写出了著名的《会稽风俗赋》《蓬莱阁赋》《民事堂赋》，合称《会稽三赋》。萧山的茗山和茗山产名茶，就是他在《会稽风俗赋》中记述越地（即今绍兴市）其物之饶时提到的。

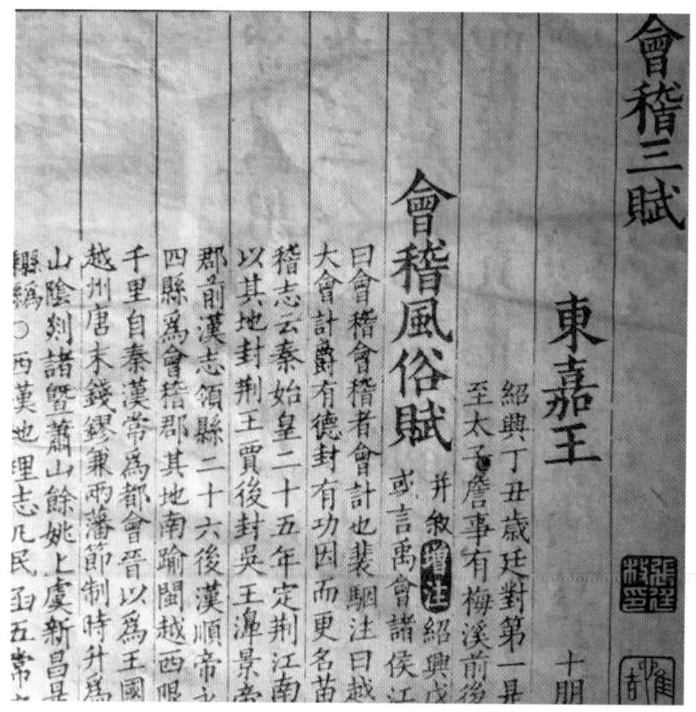

會稽三賦

東嘉王十朋

紹興丁丑歲廷對第一

至太子詹事有梅溪前後

會稽風俗賦 并敘 增注 紹興戊

或言禹會諸侯江

曰會稽會稽者會計也裴駰注曰越

大會計爵有德封有功因而更名苗

稽志云秦始皇二十五年定荆江南

以其地封荆王賈後封吳王濞景帝

郡前漢志領縣二十六後漢順帝永

四縣爲會稽郡其地南踰閩越西限

千里自秦漢常爲都會晉以爲王國

越州唐末錢鏐兼兩藩節制時升爲

山陰剡諸暨蕭山餘姚上虞新昌县

縣稿○西漢地理志凡民函五常

《会稽风俗赋》

在800多年前的南宋，王十朋所作的《会稽风俗赋》设有子真、无妄、有君三位“先生”，以问答方式介绍越地的山水、物产、人物、民俗、历史，并解释：子真者，诚言也；无妄者，不虚也；有君者，有是事也。在记述越地的名茶时有：“日铸雪芽（日铸山在会稽东南，产茗芽）”“卧龙瑞草（卧龙山亦产佳茗）”“瀑岭称仙（余姚瀑布岭，茶号仙茗）”“茗山斗好（山在萧山西，多奇茗）”。这是萧山最早见诸历史文献记载的茶叶产地和名茶名称。

同时王十朋曾到萧山多次，是真正深入“基层”调查研究的，他的《会稽风俗赋》中，除了记述萧山的名产外，还提到了萧山的苎罗山、洛思山、连山、定山、北干山等名山与名人典故。在宋时，萧山县确实有一座山被人们称作茗山，其山上盛产名茶——茗山茶。

从宋绍兴约三十一年（1161年）王十朋作《会稽风俗赋》至民国24年（1935年）刊印《萧山县志稿》的774年中，地方志书和有关史料记述萧山“山川”中最早的茶叶生产，都引用王十朋作的《会稽风俗赋》，可见后人认可这位政治家兼诗人著述的历史真实性，也说明萧山确是自古产名茶。

经后人考证，萧山茗山茶被记录在萧山地方志书“物产”中的原因主要有三点：

第一，陆羽在《茶经》中著有“早采为茶，晚采为茗”，也是说茗是茶的另一种称呼而已，也就是说茗山即茶山。

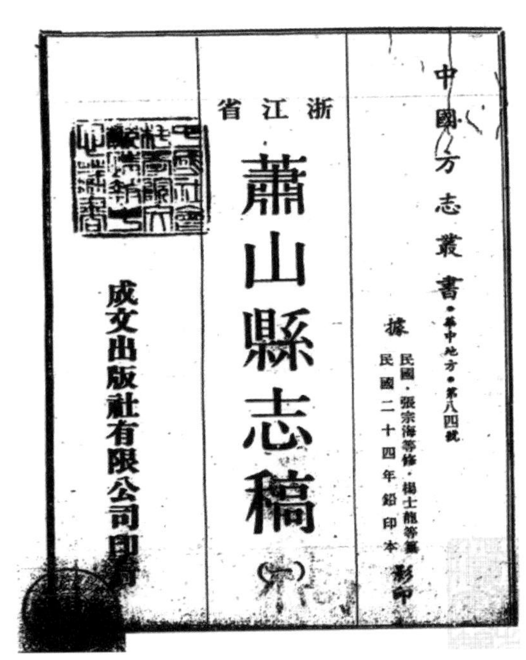
中國方志叢書・華中地方・第八四號

浙江省

蕭山縣志稿

（一）

據民國・張宗海等修・楊士龍等纂

民國二十四年鉛印本影印

成文出版社有限公司印行

《萧山县志稿》

第二，王十朋笔下的茗山和茗山茶，至明时未有生产规模，未形成商品量，因此在地方志书物产卷中不再记述。

第三，据说朱元璋尝此茶时，感到此茶入嘴满口生津，清爽无比，遂命名此茶为湘湖云雾茶。因而民间传说王十朋赋中的茗山茶后就成了湘湖云雾茶。

随着生产的发展和各地区产地的扩展，茶叶的名称也因茶叶品种的优化和制茶工艺的改进，由唐时的越州茶，宋、元时的茗山茶，明万历年间的湘湖旗茶改名为浙江龙井茶和如今的湘湖龙井茶、云石三清茶。目前茶叶生产的规模与发展，离不开萧山历代茶农的辛勤栽培和手艺传承，更离不开南宋龙图阁学士王十朋等古代名宦对萧山名茶的真实记载与宣传。

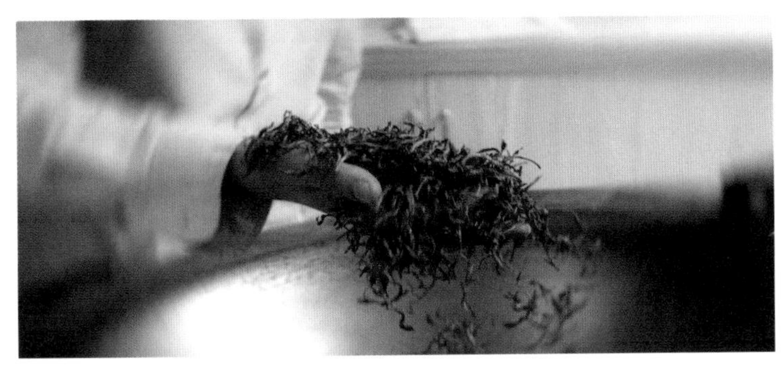

手工制茶的非遗传承

传承工艺创新三清——萧山三清茶

萧山的三清茶生长在戴村镇的云石高山基地，从明代开始产茶，有着600多年的历史，冲泡后“茶气清香，汤色清澈，滋味清醇”，又因由一个名叫沈三清的山民首采首制，所以被命名为“三清茶”。三清茶人数十年不忘初心，做传统手艺人，使三清茶成为现代社会大众喜爱的茶品，并获得省市名茶、中国特色旅游商品大奖赛金奖等荣誉。

三清茶的包装

品一盅好茶，须满足五个条件：优越的生态环境条件、娴熟的采摘技术、精湛的制作工艺、严格的茶叶储存条件、精进的泡茶艺术。萧山三清茶便是这样的“五好”，令古今茶人青睐。

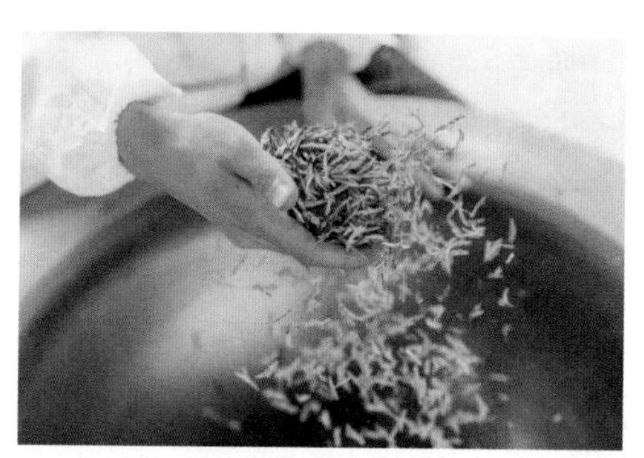

三清茶的手工制作

三清茶的产地位于杭州南部的萧山区戴村镇，这里群山起伏，竹林丰茂，溪涧潺潺，云雾缭绕，昼夜温差明显，土壤深厚肥沃，具有得天独厚的名茶生产自然条件。

三清茶核心基地云门寺位于北纬29°58′54″，当地群山连绵，森林覆盖率高，植被丰富，茶树虫害的天敌较多，茶树抗病、抗虫能力较强，茶园的生物自身调节功能健全，所产茶叶可以达到有机茶标准。

戴村云石山景区留存有亿年火山遗址，火山灰土壤不仅肥沃，而且富含有机质和微量元素，特别是硫、钾、硒等含量很高。这些有机物质可使茶树终年不得病害，能产出高品质、纯天然的有机、绿色茶叶。再加上 500 ~ 600 米海拔，昼夜温差明显，赋予了三清茶卓尔不凡的品质。

三清茶茶园全貌

关于三清茶的由来，在萧山民间传说中，比较典型的有三个。

一种是一个叫沈三清的云石山民最初偶然发现这种冲泡后“香气清高，汤色清澈，滋味清醇”的野生茶，于是以他的名字来命名。

第二种说法是元末朱元璋在云门遭受大军围剿，偶然间躲进了狮山古村山顶上的“女娲殿”。卫兵以女娲殿前供着的茶叶泡给朱元璋。朱元璋尝完后心里直叹好茶，后“女娲殿茶”即三清茶便成为明朝的贡品。

第三种说法与萧山古代名人楼英有关，相传他很喜爱喝茶，朱元璋驾崩后，楼英拒职回乡，便在云门寺著书、育茶、品茗、行医，历时三十五载，终成《医学纲目》共十部四十卷。此书与《本草纲目》为医纲和药纲，是中华医药之丰碑。同时也成就一款远近闻名的云门寺好茶，即今日之“三清茶”。

乾隆年间戴村人郭伦所作《萧山赋》中有云石“采茶响铁”的文字记载；萧山农业志记载，民国时期戴村云石以炒青茶闻名。

1990 年，云石乡一位农业专家受命上石牛山担任林场场长，因感于云石拥有如此良好的茶叶种植和生长环境，便决心恢复这一名茶。

1991 年，戴村镇成立萧山云石农业综合发展公司，注册“三清”商标，恢复性开发三清茶。1991 年“中国杭州国际茶文化节”上，云石三清茶被国家旅游局和浙江省人民政府授予“名茶新秀”荣誉证书。

1992 年，浙江省农业厅选送 22 种名茶参加中国农业博览会评比，云石三清茶与余杭径山茶同获国家铜奖。1993 年 6 月，浙江省农业厅在杭州华家池举办第十届全省名茶评比会，各地选送44种名茶参评，云石三清茶等14种名茶被评为浙江一类名茶。1997、1999年，云石三清茶又两次获评浙江一类名茶。在连续三次评为浙江一类名茶后，云石三清茶获“浙江名茶”证书。2011年，萧山戴村镇被命名为“中国三清茶之乡”。

三清茶人秉持匠心与传承，从此开创了三清新篇章。

第一，注重特色。三清人坚持“清香、清澈、清醇”的三清特色，始终保持在“嗅觉、视觉、味觉”上作好文章。

第二，坚持品质。明确“三不”铁律，即不达到要求不出锅，不出精品不罢手，不达标准不出厂，追求“色、香、味、形、质”最高境界。

第三，崇尚绿色有机。在茶园管理中，采用自然农法、有机栽培。一是只采一季春茶；二是春茶后修剪；三是坚持不使用化学农药。

第四，创新工艺。三清茶杀青时使用机械设备，挥锅进行手工操作，保持了茶叶的品质和风味，做到了开创性的传承。

三清茶园采茶图

知章故里 龙井飘香——湘湖龙井

梦回千里 宋韵萧山——萧山“茗山茶”

项目三　讲述鲜叶的故事

学习目标

● 知道鲜叶内含主要化学成分的种类、组成、含量、性质和鲜叶的物理形态特征与制茶品质的关系。

● 知道鲜叶的质量标准、鲜叶的适制性与成品品质的关系。

技能目标

● 会根据成品茶的质量探究鲜叶的原因。

● 会根据鲜叶的质量选择合适的加工手法。

素质培养目标

● 通过学习相关鲜叶知识，提升学生反向思维，培养学生自我探究能力。

任务一 茶之密码——鲜叶的化学成分

鲜叶中的化学成分：水分（75%）、干物质（25%）；干物质：有机化合物（93% ~ 96%）、无机化合物（4% ~ 7%）；有机化合物：蛋白质（17%）、氨基酸（7%）、生物碱（3% ~ 5%）、酶、有机酸（3%）、多酚类化合物（20% ~ 35%）、糖类（20% ~ 30%）、脂肪类（8%）、色素（1%）、维生素（0.24% ~ 1%）；无机化合物：水溶性灰分（占灰分的 50% ~ 60%）、水不溶性灰分（占灰分的 40% ~ 50%）。

茶树树梢不同部位主要化学成分的含量

化学成分	芽	一芽一叶	一芽二叶	一芽三叶	一芽四叶	老叶	嫩茎
水分	—	76.70	76.30	76.00	73.80		84.60
水浸出物	47.74	47.52	46.90	45.59	43.70		
茶多酚	—	22.61	18.30	16.23	14.65	14.47	12.75
儿茶素	—	14.74	12.43	12.00	10.50	9.80	8.61
氨基酸	—	3.11	2.92	2.34	1.95		5.73
茶氨酸	—	1.83	1.52	1.20	1.10		4.35
咖啡碱	—	3.78	3.64	3.19	2.62	2.49	1.63
蛋白质	29.06	26.06	25.62	24.92	22.50		17.40
叶绿素	—	0.223	0.378	0.615	0.653		
类胡萝卜素	—	0.025	0.036	0.041			
水溶性果胶	—	3.08	2.63	2.21	2.02		2.62
还原糖	—	0.99	1.15	1.40	1.63	1.81	
蔗糖	—	0.64	0.85	1.66	2.06	2.52	
淀粉	—	0.82	0.92	5.27			1.49
纤维素	—	10.87	10.90	12.25	14.40		17.08
总灰分	5.38	5.59	5.46	5.48	5.44		6.07
可溶性灰分	3.50	3.36	3.36	3.32	3.02		3.47

注：引自程启坤主编《茶叶原理与技术》

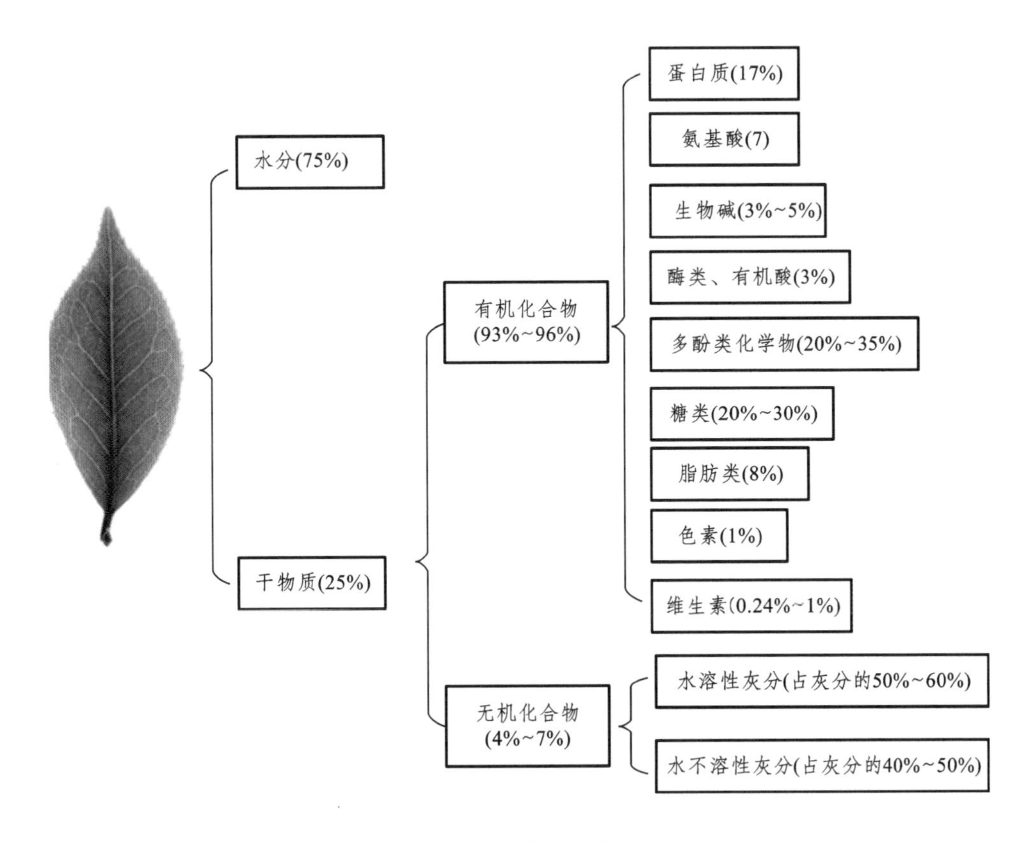

鲜叶中化学成分的含量

一、水分与品质的关系

1. 水分在鲜叶中的含量

鲜叶水分一般为 75% 左右，芽叶嫩度好，含水量高；反之则含水量低。一般芽比第一叶片含水量高，第一叶比第二叶高，依次降低。同一天采摘的鲜叶，早上高，傍晚低；雨天高，晴天低。在制茶过程中，水分进行着复杂的化学变化。例如：利用高温进行绿茶杀青，从而破坏酶的活性。在红茶制作中利用水分促进酶的催化作用。

2. 水分是制茶的参考指标

制茶过程中，我们需要把 75% 的含水量青叶制成含水量 6% 左右的干茶，这个过程不仅仅是水分散失的过程，随着叶内水分快 — 慢 — 快散失和程度变化，青叶内也在发生一系列物理、化学变化，从而逐步形成茶叶特有的色、形、香、味。由此可知，鲜叶的含水量及其在制茶过程中的变化速度和程度是制茶工艺的重要技术指标。

例如：成品茶含水量如超过 12%，茶叶内部化学反应不仅可以继续进行，还能吸收空气中的氧，使微生物不断滋生，茶叶就会很快变质或发生霉变。因此，生产中严格控制含水量是鲜叶加工各工序要遵循的主要技术指标之一。一般要求毛茶含水量6%，精制茶含水量4%～6%。

二、灰分与品质的关系

茶叶经高温完全灼烧后残留下来的物质叫灰分，一般约占干物质总量的4%～7%，茶叶灰分主要由一系列氧化物、磷酸盐、硫酸盐、硅酸盐等化合物组成。

茶叶根据灰分溶解性不同，可分为水溶性灰分、酸溶性灰分和酸不溶性灰分。水溶性灰分一般占茶叶总灰分的50%～60%。水溶性灰分主要是钾、钠、磷、硫等氧化物和部分磷酸盐、硫酸盐等。

鲜叶越嫩，含钾、磷较多，水溶性灰分含量越高，茶叶品质越好。随着茶芽新梢的生长，叶片的老化，钙、镁含量逐渐增加，水溶性灰分含量减少，随之茶叶品质也逐渐变差。因此，水溶性灰分含量高低，是区别鲜叶老嫩的标志之一。

茶树新梢各部位灰分含量变化（%）

芽叶部位	芽	第一叶	第二叶	第三叶	第四叶	梗
总灰分	5.38	5.59	5.46	5.48	5.44	6.07
水溶性灰分	3.50	3.36	3.33	3.32	3.03	3.47
占总灰分的百分比	65.1	60.1	61.0	60.6	55.7	57.1

注：由于鲜叶在采制过程中会含有一些杂质，如金属粉末、灰尘等（酸不溶性灰分主要是这些杂质的灰分含量增加），经过加工之后，总灰分含量有所增加，可溶性灰分含量有所降低。

三、多酚类化合物与品质的关系

在制茶过程中，多酚类化合物在温度的影响下，发生热解和异物化作用，使一些不溶于水的多酚类化合物转化为可溶性的物质，赋予茶汤更好的味道。同时在常温的情况下，多酚类化合物也会发生自动氧化，使贮藏中的成茶由绿变黄从而品质逐渐降低。

茶多酚与铁接触，会产生蓝黑色或黑绿色沉淀物，对茶叶品质不利，所以制茶机具如揉捻机的揉筒、揉盘、棱骨等均不采用铁质的设备。泡茶或煮茶用具也不能用铁质容器。

四、蛋白质、氨基酸与品质的关系

1. 蛋白质与品质的关系

随着新梢生长，蛋白质含量会逐步减少，一般鲜叶较嫩，其蛋白质含量较高。蛋白质含量高的鲜叶适制绿茶，蛋白质含量低的鲜叶有利于发酵，形成红茶红叶红汤的品质特征。

绿茶：在制作绿茶时，为保持其绿叶清汤的品质，我们会利用高温杀青破坏酶蛋白，使之失去活性，从而制止多酚类化合物氧化。同时由于高温使蛋白质迅速变性凝固，其蛋白质含量变化较小经测定，鲜叶的蛋白质含量为 21.45%，制成的干茶蛋白质含量为 17.62%。

在湿热的作用下，蛋白质又可以与多酚类化合物结合，形成可溶性多酚化合物而减少沉淀，在一定程度上会使绿茶的涩味转化为醇和的滋味。

红茶：在红茶制作中，需降低蛋白质与多酚类化合物的结合，减少可溶性多酚类化合物（发酵基质）。制作时，前期用低温促进酶的活性；后期高温使蛋白质在酶的催化作用下，发生水解和热解的游离氨基酸，使部分蛋白质与多酚类化合物的氧化产物结合沉淀，形成红茶红亮叶底。

2. 氨基酸与品质的关系

目前在茶叶中已发现 20 多种氨基酸，但游离氨基酸很少，约占干物质的 1% ~ 3%。其中主要游离氨基酸有茶氨酸，占总量的 50% ~ 60%（甜鲜味、焦糖香），谷氨酸占 13% ~ 15%（鲜味），天门冬氨酸占 10%（酸味）以及精氨酸（苦甜味）。另外还有丝氨酸、缬氨酸等。

茶氨酸是茶叶中特有的氨基酸，是组成茶叶鲜爽香味的重要物质之一，对绿茶品质影响较大。

氨基酸是一种鲜味的物质，也是提高茶叶鲜爽度的重要物质。氨基酸与多酚类化合物、咖啡碱协调配合，增强茶叶滋味的浓度、鲜爽。绿茶品质中嫩梗的香高味醇，可能与氨基酸含量较多有关。

五、酶与品质的关系

茶树体内存在多种酶，鲜叶内的酶类构成很复杂，其中水解酶和氧化还原酶对茶叶品质形成影响尤为重要。水解酶类中有淀粉酶、蛋白酶等，氧化还原酶有多酚氧化酶、过氧化物酶等。在制茶过程中要有效控制酶的活性，促进其催化作用或者抑制其催化作用等，由此产生不同的化学反应，形成不同的茶汤品质。

1. 酶的性质

在通常室温之下，温度每增加 10 ℃，酶的活性约增加 1 倍。40 ~ 45 ℃时活性最大，温度再高则活性逐渐下降，至 70 ℃以上时，酶失去活性。

2. 酶的特性与品质的关系

绿茶初制时用高温迅速破坏酶的活性，制止多酶化合物的酶性氧，可保持绿叶清汤的品质特征。

红茶初制时，适宜的条件会使酶的活性激化，如在发酵工序中，室温控制在 24 ℃左右，这时多酚氧化酶以一定的速度催化多酚类化合物氧化缩合，生成茶红素和茶黄素，形成红茶红叶红汤的品质特点。

青茶制造过程中，先利用多酚类氧化酶的活性，再控制多酚类氧化酶的活性，形成绿叶镶边红的品质特征。

黑茶制造过程中，先控制多酚氧化酶活性，再利用过氧化物酶活性的措施，形成黑茶特有的品质特征。

六、生物碱与品质的关系

茶叶中的茶叶碱、咖啡碱、可可碱，合称为生物碱。其中以咖啡碱含量最多，一般为2% ~ 5%，其他两种含量甚微，所以茶叶生物碱常以测定咖啡碱为主。

1. 咖啡碱与品质的关系

咖啡碱含量随着新梢的生长而逐渐下降。嫩叶比老叶多，春茶比夏、秋茶多；遮光茶园含量比露天茶园多；大叶种含量比小叶种多。

制茶过程中，其含量变化不大，但若干燥过程中温度过高，则咖啡碱因升华而损失，从而影响茶汤滋味。

咖啡碱能与多酚类化合物，特别是与茶红素、茶黄素形成络合物。当茶汤冷却之后，出现乳状沉淀，这种络合物便悬浮于茶汤中，使茶汤混浊成乳状，称为“冷后浑”。这种现象在高级茶汤中尤为明显，是茶叶品质良好的象征。

2. 茶　碱

茶碱是可可碱的同分异构体，在茶叶中含量极少。茶碱和可可碱具有刺激胃机能和利尿的作用，还能扩张血管。

七、糖类与品质的关系

糖类物质也叫碳水化合物，在鲜叶中的占干物质总量的20% ~ 30%，分为单糖、双糖、三糖、多糖四类。

单糖：包括蔗糖、麦芽糖、牛乳糖、甘露糖、阿拉伯糖等。

双糖：包括蔗糖、麦芽糖、乳糖等。

三糖：包括棉子糖等。

多糖：包括淀粉、果胶素、纤维素、半纤维素等。

1. 单糖和双糖与品质的关系

单糖和双糖能溶于水，具有甜味，是构成茶汤浓度和滋味的重要物质，并参与香气的形成。如茶叶中的板栗香、焦糖香、甜香就是在加工过程中，糖本身发生变化及其与氨基酸等物质作用的结果。

2. 多糖与品质的关系

多糖没有甜味，是非晶结构的固体物质，大多不溶于水，以支持物质和贮存物质而存在于茶叶中。

淀粉是由许多葡萄糖分子缩合而成的，作为贮存的营养物质，在制茶的过程中可水解为麦芽糖、葡萄糖，使单糖增加，增进茶汤滋味，有利于提高品质。

纤维素与半纤维素是细胞壁组成主要成分，起支持作用的物质，其含量随着叶子老化而增加，因此，含量高低是叶子老嫩的主要标志之一。

果胶质是糖类物质的衍生物，可分为水溶性果胶、原果胶等。果胶质能将相邻细胞黏合在一起，对形成茶条紧结的外形有一定作用；其中水溶性果胶质可以溶解于茶糖中，增进汤的浓度和甜醇滋味。

八、芳香物质与品质的关系

茶树鲜叶所含的芳香物质是赋予成茶香气的主体物质。这些物质在鲜叶中的含量为0.02% ~ 0.05%。

1. 低沸点的芳香物质

芳香物质中的青叶醇为低沸点物质，具有强烈的青草气。鲜叶具有的青气就是这类物质挥发所形成的，在制茶过程中通过高温杀青能去除青草气。

2. 高沸点的芳香物质

鲜叶中高沸点（200 ℃以上）的芳香物质虽含量极微，但其具有良好香气。如苯乙醇具有苹果香，苯甲醇具有玫瑰花香，茉莉酮类则有茉莉花香，芳樟醇具有特殊的花香。这些芳香物质构成了茶叶的香气。

鲜叶中还含有棕榈酸和高级烯烷，其本身没有香气，但具有很强的吸附性，能吸收香气，也能吸收异味。一方面我们可以用来制花茶；另一方面，在制作加工与运输贮存时，要防止将茶叶与有异味的物体放置在一起。

九、色素与品质的关系

鲜叶中含有各种色素，主要是叶绿素、叶黄素、花黄素、胡萝卜素，其中以叶绿素含量最多，对茶叶品质影响最大。在一般情况下，鲜叶中所含叶绿素可以掩盖其他色素，呈现深浅不同的绿色，只有在花青素含量特别多的情况下，鲜叶才呈现紫红色。

1. 叶绿素

叶绿素的含量一般在 0.24% ~ 0.85%。其含量随着新梢的老化而逐渐增加，也因季节、品种、施肥种类及遮阴等栽培措施不同而有所不同。

叶绿素含量高的深绿色鲜叶，由于多酚类化合物含量较少，蛋白质含量较高，所以制成的绿茶品质好；但鲜叶中叶绿素含量过高，就容易造成绿茶汤色与干茶呈菜青色，香味生青，品质不好。

2. 叶黄素和胡萝卜素

在制茶过程中，部分胡萝卜素转化成芳香物质，如生成紫罗酮等。

3. 花青素

花青素在茶树体内以糖甙形式存在，溶于水，属多酚类物质，既是影响滋味的因子之一，又是影响汤色、色泽的因了之一。

十、维生素与品质的关系

茶树鲜叶中的维生素含量如下表所示。

茶树鲜叶中的维生素含量

种类	维生素 A	维生素 B_1	维生素 B_2	维生素 PP	维生素 C
含量（mg/500 g）	27.30	0.35	6.10	23.5	135.00

从上表可知，鲜叶中维生素以维 C 含量最多，容易被氧化破坏，会随着鲜叶老化而增加。

手工卷曲绿茶外形与内质示意

请分析茶艺室成品绿茶的鲜叶化学要素，并完成以下表格。

绿茶的鲜叶化学元素分析

序号	名称	水分	灰分	多酚类化合物	酶	生物碱	芳香物质
1	安吉白茶						
2	黄山毛峰						
3	开化龙顶						
4	庐山云雾						
5	都匀毛尖						
6	六安瓜片						
7	信阳毛尖						
8	羊岩勾青						
9	碧螺春						
10	西湖龙井（群体）						

茶之密码——鲜叶的化学成分

任务二 茶叶之美——鲜叶的物理表征

一、鲜叶色泽

鲜叶常有深绿、浅绿、黄绿、紫色等不同色泽，其主要与茶树品种、施肥、日照长短等有关系。鲜叶色泽不同，内在化学成分含量也不同，对制茶品质也有不同影响。

绿茶鲜叶的浅绿色泽

一般深绿色叶的粗蛋白质含量高，多酚类化合物、咖啡碱含量低；浅绿色叶却相反，粗蛋白质的含量低，多酚类、咖啡碱含量高；紫色叶的各种成分界于两者之间。

制茶品质的好坏与鲜叶各种成分的含量有关。一般来说，多酚类化合物含量高，粗蛋白质、叶绿素含量低的，宜于制红茶；多酚类化合物含量低，粗蛋白质、叶绿素含量高的，宜于制绿茶。

鲜叶色泽与品质的关系

叶色	深绿		浅绿		紫	
茶类	红茶	绿茶	红茶	绿茶	红茶	绿茶
香气	青气	浓厚新鲜	纯正	纯正	略带青气	低淡
汤色	尚红亮	黄绿明亮	红亮	黄绿明亮	深红	暗发黑
滋味	苦涩	浓厚清涩	尚醇见厚	苦涩	平淡微涩	苦涩
茶底	乌暗花青	黄绿色匀	尚红色匀	黄绿	乌醇红青	靛青色

注：

（1）浅绿色鲜叶制成绿茶，香味不如深绿色叶制成的高浓，但汤色清澈明亮，叶底嫩绿匀齐。

（2）紫芽制红茶品质中等，滋味和叶底较差，但有研究表明：使用紫芽制毛茶类，采取高温闷杀，香味高浓，叶底颜色较差。具体理化指标分析未见。

二、鲜叶形状大小厚薄与制茶品质的关系

（一）形　状

鲜叶形状大致分为卵圆形、倒卵圆形、椭圆形、长椭圆形、披针形、倒披针形、柳叶形等。

（1）制作珍眉、红茶（不包括碎茶）的鲜叶原料以长形为最好，近圆形、近卵形做成的条茶不紧结，欠匀整。

（2）珠茶外形呈圆形，其鲜叶原料也以长形为好。珠茶必先成条，而后卷紧，方能成圆，否则形成团块茶。

（3）片状茶如六安瓜片、特级龙井，尖状如猴魁、毛尖，其鲜叶原料以卵形为好。六安瓜片，叶片为瓜子形，要求近卵形为好。特级龙井，长形叶做成韭菜形，近圆形做成鲤鱼形。

（4）贡熙为块状茶，鲜叶原料以近圆形比较好（近圆形的鲜叶，除个别茶类外，制成其他茶类，条索欠佳）。

西湖龙井：产于杭州，外形嫩叶包芽，扁平似碗钉，具有“色绿、香郁、味甘、形美”的特点。

西湖龙井

洞庭碧螺春：产于江苏太湖洞庭山，外形条索纤细、匀整，卷曲呈螺，白毫特显，色泽银绿、隐翠、光润。

洞庭碧螺春

南京雨花茶：产于南京中山陵和雨花台一带，外形呈针松状，条索紧直浑圆，峰苗挺秀，白毫特显，色泽绿翠。

南京雨花茶

都匀毛尖：产于贵州都匀市，外形可与碧螺春媲美，内质可与信阳毛尖并论。外形条索紧细卷曲，毫毛显露，色泽绿润。

都匀毛尖

蒙顶甘露：产于四川雅山名山区蒙山顶的甘露峰，外形条索卷多毫，嫩绿油润。

蒙顶甘露

黄山毛峰：产于安徽歙县黄山，外形细嫩，芽肥壮、匀齐，有峰苗，形似“雀舌”，带有金黄色鲜叶，其色泽金黄油润，俗称“象牙色”。

黄山毛峰

（二）厚　薄

鲜叶肥厚：不宜制作普通外形的外销茶，因成茶外形不紧结，但适宜制作青茶，如铁观音。

薄叶质：制绿茶，滋味、“身骨”均佳。

松软叶质：制成红茶有鲜艳的叶底和明亮的汤色。

厚而结实叶质：制青茶，香味高浓，身骨重实。

薄软叶质：制龙井，扁平。

厚硬叶质：制瓜片易成形。

（三）鲜叶大小

鲜叶大小一是指同一茶树嫩枝上鲜叶的大小；二是指甲树与乙树的叶形的大小。前者以较小的为优，较小的茶叶是从幼嫩的枝条上采摘的。较大茶叶组织稍硬，容易粗老。如制瓜片，顶上的小叶比较嫩，适于做“提片”；第二、三叶大叶比较老，适宜制瓜片和梅片。又如制红茶，小叶是一号茶，大叶是二、三号叶，一号茶比二、三号小且嫩。

后者则因茶类不同而有异。有的茶类要大叶片，如制青茶；叶片小的品种，适宜制毛尖、龙井。

制红茶则由品种来决定。云南大叶种制红茶外形虽然粗大，但内质很好：祁门槠叶种叶形小，内质及外形都较好。

一般优良绿茶的鲜叶以中叶型者最多，大叶型者次之，小叶型的最少。特级绿茶，以叶型小为好，叶型小、条索优美，可以提高外形品质。

根据鲜叶的物理性质，完成以下表格。

鲜叶的物理性质

序号	名称	香气	汤色	滋味	茶底	结论（鲜叶物理性质）
1	鲜叶色泽					
2	鲜叶形状					
3	鲜叶厚薄					
4	鲜叶大小					

说一说湘湖龙井茶制作要如何选择鲜叶。

茶叶之美——鲜叶的物理表征

任务三　茶叶加工——鲜叶质量与成茶品质

一、鲜叶嫩度

鲜叶嫩度是指茶叶伸育的成熟度。茶叶从营养茶开始，随着茶叶的叶片增多，茶相应地由粗大变为细小，最后终止为驻茶。叶片自展开到成熟定型，叶面逐渐扩大，叶肉组织厚度相应增加。一般来说，一芽一叶比一芽二叶嫩，一芽二叶比对夹二叶嫩，一芽二叶初展比一芽二叶开展嫩。

鲜叶的老嫩是衡量茶叶品质的重要因素，是鉴定茶叶等级的主要指标。老嫩程度是鲜叶内在各种化学成分综合的外在表现。鲜叶老嫩与成茶品质高低有极密切的关系。

根据茶树生长发育的理论，茶叶内在有效成分，如多酚类、蛋白质、咖啡碱等在生长的初期阶段含量较高，纤维素等含量较少。幼嫩的鲜叶在正常情况下制出的茶叶形质兼优，而粗老叶子制出的茶叶品质则较低。

嫩鲜叶质量指示

茶厂鲜叶分级标准

级别	芽叶标准	参考规定	鲜叶嫩度占总量分比（%）
特级	一芽一叶、一叶二叶为主	一芽一叶，一芽二叶	10~20，50~60
一级	一芽二叶、一芽三叶为主	一芽二叶	36~50
二级	一芽二叶、一芽三叶为主	一芽二叶	21~35
三级	一芽二叶、一芽三叶为主	一芽二叶	12~20
四级	一芽三叶为主	一芽三叶	37~46
五级	一芽三叶为主	一芽三叶	30~35

二、鲜叶匀净度

鲜叶匀净度是衡量鲜叶质量指标之一，包含鲜叶匀度和净度两个方面。

匀度是指一批鲜叶理化性状基本一致。影响鲜叶匀度因素很多，包括采摘不合理、茶园品种混杂、鲜叶运送和鲜叶管理不当等，都会造成老嫩叶混杂。老嫩混杂对制茶技术和茶叶品质都有影响。

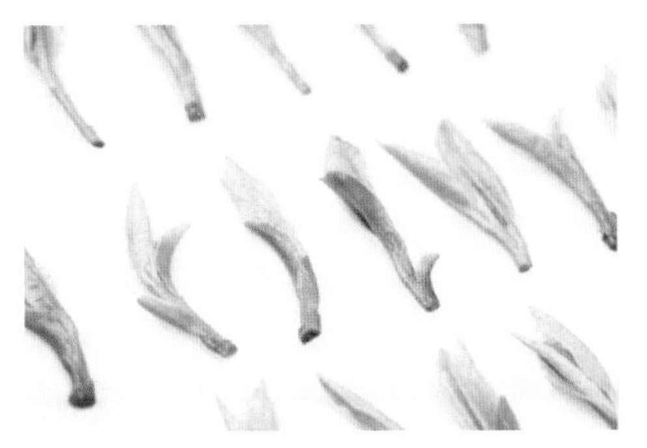

鲜叶匀净度示意

老嫩不一，内含成分不同，物理性状不一，杀青老嫩生熟不一，揉捻嫩叶断碎，老叶不成条，干燥干湿不匀，茶末、碎茶过多，给制茶连续化生产带来极大的困难。

净度指鲜叶里夹杂物的含量。夹杂物有茶类和非茶类两种。茶类有茶籽、茶果、老叶、老梗；非茶类有虫卵、虫体、杂草、沙石等。

为了保证茶叶质量，必须抓好鲜叶的匀净度。在生产中，一般通过两方面来进行。

（1）加强鲜叶采摘和贮藏管理。坚持分期分批留叶进厂做好验收，分级工作，分级摊放；不同时间、不同地区品种鲜叶，分别摊放，不仅使鲜叶老嫩达到一致，而且大大提高制茶设备的利用率和产品质量。

（2）另一方面建立纯种园，不仅保证鲜叶理化性状一致，也为机械化采茶打下基础。

三、新鲜度

新鲜度是指采下来的鲜叶尽量保持其原有的理化性状，同时要求现采现制，贮存时间不能超过 16 小时。

鲜叶采下来脱离茶树母体之后，仍继续进行呼吸作用。随着水分散失，鲜叶内含物随分解转化而减少，同时产生大量热量，作为鲜叶贮存要注意及时散热，降低叶温，防止黄变。

如时间过长，贮存不善，堆积过厚、过紧、过久，通气不良，鲜叶有氧呼吸释放热量散发不尽，叶温升高，内含物分解加快，消耗愈多，在氧化供应不足情况下，易引起无氧呼吸，使糖分解而产生酒精气，时间再长，产生酸味，则叶子发热变红、霉烂变质。

根据网络图片，完成鲜叶质量的辨别。

进行现场采摘，辨别鲜叶的质量，完成实训报告。

茶叶之加工——鲜叶的质量与成茶品质

项目四 唤醒鲜叶的韵味

学习目标

- 知道手工扁平绿茶的制作流程。
- 知道手工卷曲绿茶的制作流程。

技能目标

- 会进行手工扁形绿茶的制作。
- 会进行手工卷曲绿茶的制作。

素质培养目标

- 通过学习手工绿茶制作，传承制茶技艺，发扬匠心精神。

任务一　两个“手掌”的技艺——扁平绿茶制作

一、鲜叶采摘

一芽一叶和一芽两叶初展，长度为 2.5 ~ 3.5 厘米；基本上清明前后是采摘高品质西湖龙井茶的最佳时间！

鲜叶采摘标准

采摘过程中，用左手接住枝条，右手的食指和拇指夹住细嫩新梢的芽尖和一两片细嫩叶，轻轻地用力将芽叶折断采下。

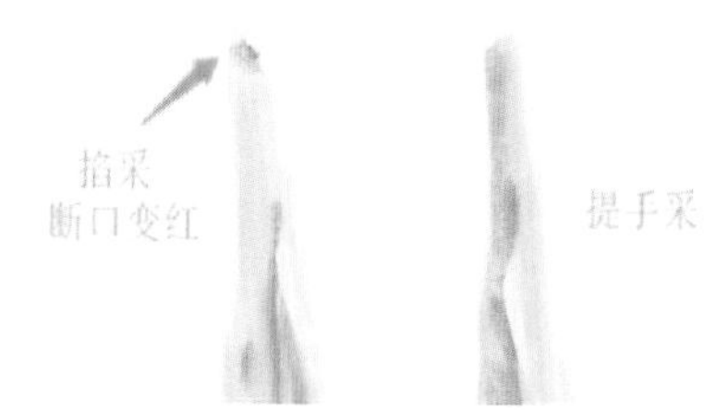

鲜叶采摘手法

二、鲜叶摊放

摊放前要做到五分开：一是不同品种的鲜叶要分开；二是晴天叶与雨水叶要分开；三是壮年茶树叶与老年茶树叶要分开；四是阳坡茶树叶与阴坡茶树叶要分开；五是上午采的叶与下午采的叶要分开。

你知道为什么要进行五分开吗？

在五个分开原则的基础上，鲜叶还需按级归堆，分开摊放。

摊放厚度，一般高档龙井茶鲜叶不能超过 3.5 厘米；中档龙井茶鲜叶以 7 ～ 10 厘米为宜；低档龙井茶鲜叶可以达到 24 厘米或更厚一些。摊放程度必须达到失水率 10% ～ 15% 的标准。鲜叶在摊放过程中要适当翻动，一般 4 ～ 6 小时就要轻轻翻叶 1 次。

鲜叶摊放方法

摊放程度：含水量 60% ～ 65%。

看：叶色由翠绿转为暗绿，光泽消失。

嗅：青草气基本消失。

捏：叶质较柔软，梗折而不断。

三、青　锅

把控青锅叶下锅的分量，控制在 75 ～ 125 克，等到锅温上升到 200 ℃以上，青叶下锅后发出轻微爆点声（一般 500 克茶叶分 5 ～ 6 次杀青）即可。

锅温判断方法：① 用温度计量；② 看锅底白天呈灰白色，晚上呈红色；③ 将手放在离锅心 3 厘米处有明显刺热感；④ 涂抹润滑油很快融化；⑤ 鲜叶入锅中有噼啪爆声。

锅温判断方法

1. 杀青目的

（1）彻底破坏酶的活性，改变内含成分的性质，形成绿汤绿叶品质。

（2）散发青草气，发展茶香。

（3）蒸发部分水分，使叶质变柔软，便于理条。

2. 加工工艺

锅温适宜时，搽少许制茶油，倒入鲜叶，先抛炒 1 分钟，闷炒 1 分钟，抛炒 1 分钟，以后交替进行至杀青适度。

1）温度先高

温度对茶叶中的酶有双重效应：15 ～ 55 ℃时，酶活性升高；高于 65 ℃时，酶活性开始下降；达到 70 ℃时，开始钝化；超过 80 ℃，酶短时间内会变性。

2）温度后低

后期叶片水分减少，如温度过高易焦边焦叶，致使叶绿素破坏，成茶颜色偏黄；为了色泽、香气、滋味的形成，在不产生红梗红叶的情况下，以低温杀青为好。实际生产过程中，我们采用两次杀青，促进品质的形成。

3）抛闷结合，多抛少闷

抛炒：能够散发水蒸气、青草气，降低叶温，形成香气好、叶色翠绿的品质特点，但应根据叶片来进行适当的控制，嫩叶多抛，老叶多闷，否则会造成焦边焦叶、短碎、杀青不匀，甚至红梗红叶。

闷炒：利用高温蒸汽的穿透力，迅速提高叶温，杀匀杀透，但闷炒时间过长，易产生水闷气，叶色黄变。

四、筛　分

筛分是用不同规格的方眼筛将青锅叶分成 3 档，使其辉锅时大小一致，受热均匀。在手工制茶比赛中，我们不使用筛分技术，直接进入回潮环节。

筛分技术

五、回　潮

将分筛过的茶叶分放，使其还潮。回潮的时间为 2 ~ 4 小时，使茶叶的梗、茎、叶的水分重新均匀分布。如茶叶需要短时间回潮，要用较湿润的无纺布进行遮盖回潮。

六、辉　锅

回潮技术

辉锅是为了进一步定形，散失水分，增进茶身光洁。下叶量一般为 200 ~ 250 克，温度为 60 ~ 70 ℃，时间为 25 ~ 35 分钟。辉锅中经常用到的炒制手法有推、磨、抓、捺等。

同伴互助，完成手工扁形绿茶的制作。

两个“手掌”的技艺——手工扁形绿茶制作流程

任务二　从田头到茶杯——西湖龙井制作的十大手法

高级西湖龙井茶全凭一双手在铁锅中不断变换手法炒制而成。炒制手法有抖、搭、拓、甩、捺、抓、推、磨、压、扣，号称“十大手法”，精深奥妙。炒制过程中，炒茶者根据鲜叶大小、老嫩程度和锅中茶坯的成型程度，灵活地变化手法，调节手炒的力量。只有技艺娴熟的人，才能炒出色、香、味、形俱佳的龙井茶。

一、抖

技术要点：手心向上，五指微微张开，稍曲，将攒在手掌上的茶叶作上下抖动，并均匀地撒在锅中。

作用：散发叶内水分，青锅、辉锅时都要用上。

抖

二、搭

技术要点：手心向下，四指伸直合拢，向上翘起，拇指分开，翻掌向下，顺势朝锅底茶叶压去。

作用：使茶叶变宽、扁，主要用在青锅及辉锅中茶叶下锅阶段。

三、拓

技术要点：手掌平展，四指伸直靠拢，手贴茶，茶贴锅，将茶叶从锅底沿锅壁向里移动带动在手掌上。使茶叶扁平，是青锅的主要手法，也是辉锅前期的主要手法。

作用：把锅中的茶叶托于手中，便于抖，也能使茶叶变扁平，青锅与辉锅均要用上。

搭

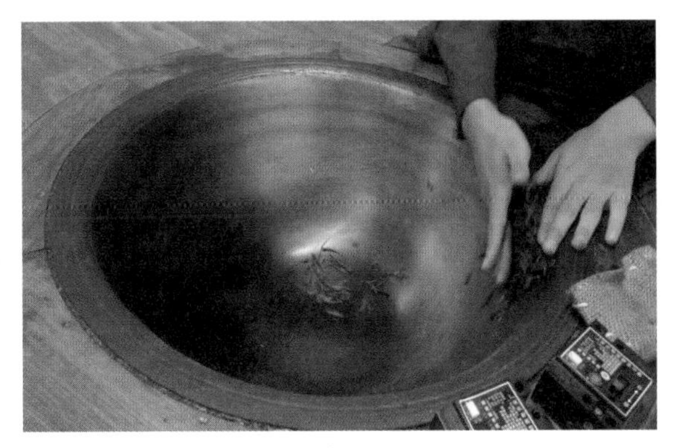

拓

四、甩

技术要点：四指微张，大拇指叉开微弯，手心向下翻掌，顺势把手中的茶叶扔向锅底。使叶片包住茶芽，起到理条，散发水分的作用，是青锅后期手法。

作用：使茶叶从锅边上落到锅底，自然排列整齐，并使发软的叶片在滚动中包住芽头。同时，也使手中的茶叶进行里外交换，以及起到整理茶叶条索的作用，使茶叶条索整齐均匀。

甩

五、捺

技术要点：手掌平展，四指伸直靠拢，手贴茶，茶贴锅，将茶叶从锅底沿锅壁用力向外推动。使茶身扁平光润。

作用：使茶叶光洁、滑润、扁平。青锅、辉锅均要用上。

捺

六、抓

技术要点：手心向下，五指微曲，抓住茶叶。

作用：使手中的茶叶里外交换，整理条索，把茶叶抓紧、抓直。抓主要用在辉锅和低档茶的青锅。

抓

七、推

技术要点：手掌向下，四指伸直或微曲，拇指前端略弯向下，手掌与四指控制住并压实茶叶，用力向前推出去。

作用：使茶叶光、扁、平，只用于辉锅。

推

八、磨

技术要点：手掌向下，四指并拢，不断摩擦锅壁，在抓、推时用较快的速度作往复运动。

作用：手对茶、茶对茶、茶对锅的摩擦，增加茶叶的光滑度。磨只用于辉锅。

磨

九、压

技术要点：在抓、推、磨的同时，一只手压在另一只手背上。

作用：双手用力压扁茶条（右手压着茶时，则左手压在右手上；左手压着茶时，则右手压在左手上），压多与磨结合进行，促使茶叶更加扁平、光滑。压只用于辉锅。

压

十、扣

技术要点：手心向下，大拇指与食指张开形成“虎口”，在抓、推、磨过程中，用中指、无名指抓进茶叶，用拇指挤出茶叶，将大部分茶叶掌握在手中，形成循环运动。

作用：使茶叶条索紧直均匀。用于低档茶的青锅及辉锅。

扣

根据十大炒制手法，以组为单位完成西湖龙井炒制微视频制作，上传至相应平台。

说一说十大炒制手法分别用于哪个流程以及其技术难点。

从田头到茶杯——西湖龙井制作的十大手法

任务三　揉捻成“螺”的技艺——手工卷曲绿茶制作

一、种植采摘

碧螺春茶在采摘的过程中通常以一芽一叶为标准，从初展芽头开采，采摘细嫩茶树鲜叶。碧螺春茶的鲜叶有三大特点：一是摘得早，二是采得嫩，三是拣得净。每年春分前后开采，谷雨前后结束，碧螺春茶的鲜叶以春分至清明采制的明前茶品质最为名贵。

碧螺春手工炒制作品

二、加工方法

碧螺春大都采用手工方法炒制，其工艺过程是杀青、揉捻、搓团、提毫、烘干。其炒制特点可以总结为“手不离茶，茶不离锅，揉中带炒，炒中有揉，炒揉结合，连续操作，起锅即成”。

（一）摊　放

蒸发鲜叶中部分水分，减小细胞张力，使叶子柔软，利于杀青。散发青草气，增进香味。促使部分化学成分的生化变化，提高茶叶品质，如多酚类、氨基酸、糖、香气等。

摊放

场所：室内篾垫，清洁、阴凉、通风。

厚度：小于 10 厘米，视具体而定。

时间：5 ～ 8 小时，每 2 ～ 3 小时翻一次叶。

摊放程度：叶色由鲜绿转为暗绿，青气消失，叶质变软。

（二）杀　青

当锅温达到 180 ～ 230°C 时，将 500 克青叶分两次投入锅中，以抖为主，双手翻炒 3 ～ 5 分钟，做到捞净、抖散、杀匀、杀透、无红梗无红叶、无烟焦叶。

杀青

杀青叶含水量在 58% 左右。

看：叶色变暗绿，失去光泽。

手感：折梗不断，揉软有黏性，紧捏叶子成团，稍有弹性。

嗅：青草气消失，清香显露。

（三）揉　捻

揉捻技术的好坏受到很多因素的影响，如揉捻叶的温度、投叶量、揉捻时间以及加压大小点，因此在揉捻时要掌握“嫩叶冷揉，老叶热揉”等技术要点。

揉捻

热揉：要求锅温 100 °C 左右，采用抖、炒、揉 3 种手法交替进行，边抖边炒边揉。随着茶叶水分的减少，条索逐渐形成。炒时手握茶叶松紧应适度。太松不利紧条，太紧茶叶溢出，易在锅面上结“锅巴”，产生烟焦味，使茶叶色泽发黑，茶条断碎，茸毛脆落。热揉有利于外形而不利于内质。

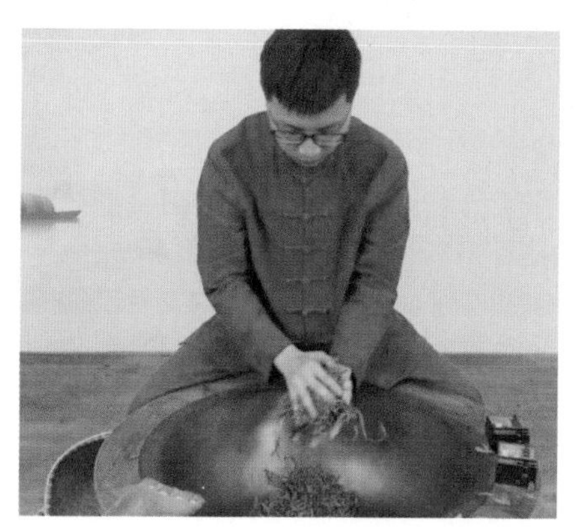
热揉

冷揉：杀青茶叶出锅后，先经过摊放，使叶温下降到一定程度后进行揉捻操作。每次取 500g 茶青叶左右，以两手抱紧成团，先团揉（即将茶叶往一个方向团团转），但压力不可太重，揉 2 ~ 3 分钟，茶叶初步成条索。然后抖散茶团散热，将茶叶收回团状，改为推滚揉（即以左手扶住茶团，右手向前推滚，接着以右手扶住茶团，左手向前推滚，左右手交替）。至揉捻适度时，即解散团块，薄摊待干燥。冷揉利色，先轻后重，逐步加压，轻重交替，最后不加压。

冷揉

揉捻程度：成条率在 80% 以上，细胞破坏率 45% ~ 55%；手摸茶叶有润湿黏手感，芽叶紧卷成条。

（四）搓　团

当茶叶达六七成干时，大约在 15 分钟后锅温 80 ℃ 时开始搓团。按某一特定方向进行搓滚，然后让其依次在锅壁绽开形，反复进行。先轻后重，先小后大，有刺痛感后进入提毫环节。

搓团

（五）提　毫

边炒边用双手用力地将全部茶叶揉搓成数个小团，使茶团在两手掌间摩擦滚动，致使茶条相互摩擦起毫，不时抖散，反复多次，搓至条形卷曲，白毫显露。此过程中锅温保持在 70 ℃ 左右。

提毫

（六）烘　干

当茶条细紧卷曲、白毫显露时，开始在锅中进行烘干。在锅温 60°C 左右下进行薄摊，适时轻翻烘干，采用轻揉、轻炒手法，达到固定形状、蒸发水分的目的，保持锅温 30 ~ 40 ℃。当九成干左右，即手捏成粉末即可起锅。这时茶叶达到八成干。全程 40 分钟左右，一般分 3 个阶段：

第一阶段（初干）：水分 60% ~ 40%，以蒸发水分、破坏残余酶活性为主。

第二阶段：水分 40% ~ 20%，塑形阶段。

第三阶段：水分 20% ~ 5%，定型及香味品质形成阶段。

烘干

同伴互助，完成手工卷曲绿茶的制作。

揉捻成“螺”的技艺——手工卷曲绿茶制作

模块二

评　茶

项目五　解读茶叶审评的基础知识

学习目标

● 知道绿茶审评的环境要求。

● 知道绿茶审评的基本流程。

技能目标

● 能够对绿茶进行初步审评。

素质培养目标

● 通过学习绿茶审评，提高学生对茶学的认知，深度了解绿茶的外形与内质。

任务一　干湿分离的审评环境

一、评茶室的要求

（一）评茶室环境要求

审评室：南北朝向，北向开窗。
室内色调：白色为主，无色彩、异味干扰。
室内温度：须保持在 15 ～ 27 ℃。
室内光线：无直射光，自然明亮。自然光线不足时，应有辅助照明。
噪声控制：保持室内安静。

（二）评茶室布置

干评台：审评茶叶外形，放置样品茶、样茶秤、样茶盘，长度视实际需要而定。
湿评台：审评茶叶的内质，放置审评杯碗泡水开汤，长度视实际需要而定。

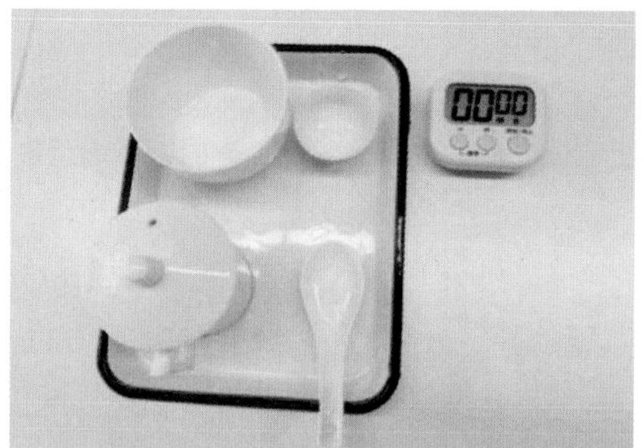

干湿评台布置示意

二、评茶用具

（一）样茶盘

涂白色油漆、无异味，要求上高 5 厘米，下高 3 厘米，缺口呈倒等腰梯形。

样茶盘

（二）审评杯碗

审评杯碗

（三）叶底盘

白色搪瓷盘，盛清水漂看叶底。

叶底盘

（四）样茶秤

样茶秤精准度 0.01 克。

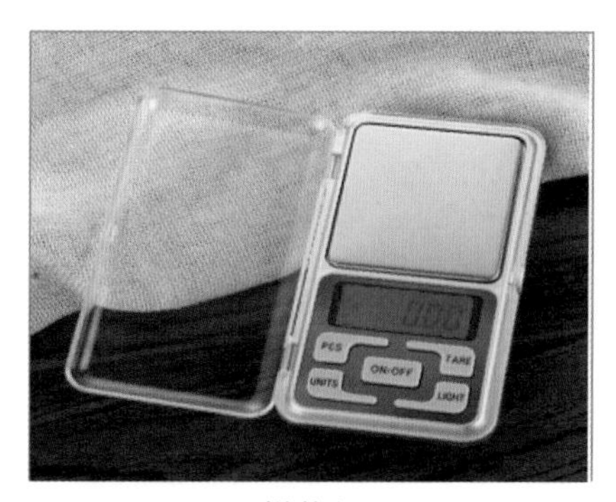

样茶秤

（五）计时器

用来计茶叶冲泡时间，通常绿茶是 4 分钟，红茶是 5 分钟。

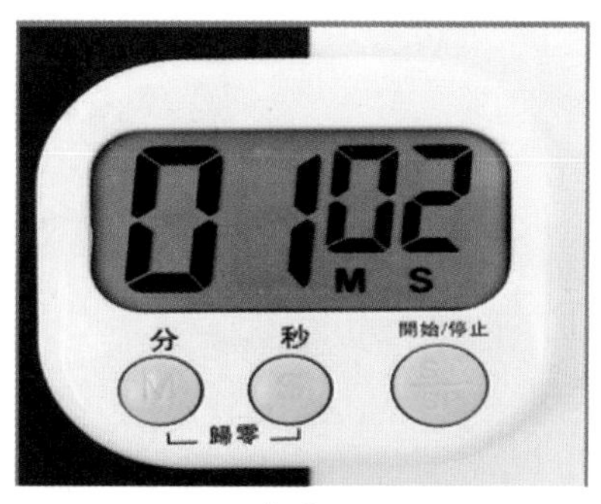

计时器

（六）茶　匙

普通纯白色瓷匙，取汤液评滋味用。

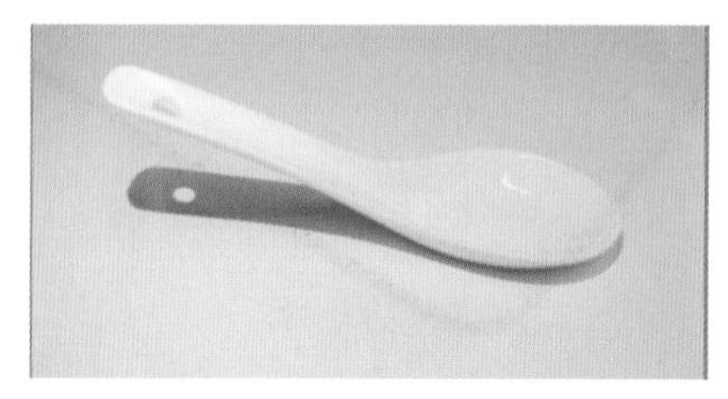

计时器

（七）汤 杯

普通纯白色瓷碗，盛汤液评滋味用。

汤杯

（八）吐茶筒

在审评时用来吐茶及盛装已泡过的茶叶渣用。

吐茶筒

（九）烧水壶

用来烧开水。

烧水壶

活动一

认识审评器具，根据审评室的审评环境及审评器具进行单项考评。

审评器具项目评价考核评分表

分项	内容	满分	自评分（10%）	组内互评分（10%）	组间互评分（10%）	教师评分（70%）	单项实际得分
1	审评室环境要求	40					
2	审评室器具类型	40					
3	综合考评	20					
合计		100					

干湿分离的审评环境

任务二 八因子的评茶流程

一、取 样

开罐时，用拇指抵住罐盖将盖子推出。

开罐动作示意

茶叶罐沿手指方向旋转将茶叶倒出。

取茶动作示意

二、把 盘

把盘俗称摇样匾和摇样盘，双手持样盘的边缘，运用手腕做前后左右的回旋转动，使样盘里的茶叶均匀地按轻重、大小、长短、粗细等有次序地分布的过程。

用虎口扣压住样盘缺口。

右手虎口压住缺口示意

运用手势做前后左右的回旋转动。

把盘动作示意

形成小山包，无茶叶簸出，无茶叶碰到摇盘壁。

把盘成果

三、评　看

评看内容：条索、整碎、色泽及净度。

（1）上段茶：又称面装茶，指比较粗长轻飘的茶叶浮在表面。

（2）中段茶：又称腰档茶，细紧重实的集中于中层。

（3）下段茶：指体小的碎茶和片末沉积于底层。

（4）脱节：又称脱档，是指中段茶少，上下粗细悬殊。

（5）平伏匀称：上、中、下三段茶拼配比例恰当，互相衔接，不脱档。

评看示意

四、开　汤

开汤俗称泡茶和沏茶。这是审评内质的重要步骤，开始时把杯碗清洗干净、擦干，按号码次序放在湿评台上。称取样品，精制茶（红、黄、绿、白）3 克，用 100 ℃水 150 毫升冲泡 5 分钟（以第一杯冲泡开始计时）。毛茶 5 克，用 100 ℃水 250 毫升冲泡 5 分钟。

茶叶两种抓取动作示意

茶叶冲泡过程

称茶样时，要用拇指、食指、中指三只手指在摇匀的茶样盘中轻轻抓起茶样，要一次抓够，略大于3克，并且要垂直抓到底，上、中、下三段茶都要有。

加水要按慢—快—慢的节奏，避免茶叶或茶水溢出。

水量应齐满杯口齿根处。

滤出茶汤时，杯中残余茶汁要尽可能滤尽。

扣杯及水量示意

五、嗅　香

嗅香气应一只手拿倒出茶汤的审评杯，另一只手半揭开杯盖，靠近杯沿轻嗅和深嗅。嗅香气应以热嗅、温嗅、冷嗅相结合进行，热嗅重点是辨别香气正常与否，温嗅看香气的类型、高低、优次，冷嗅了解香气的持久程度。审评茶叶香气的最适叶底温度为55 ℃。

（1）最适温度45 ~ 55 ℃，超过65 ℃烫鼻，低于30 ℃香气低沉，不易辨别，掌握在适宜温度闻香速度要快，特别是冬天。

（2）每次嗅评时间不能太久，一般是2 ~ 3秒，否则容易造成疲劳。

（3）在香气评定完成前，杯盖不能完全打开。

（4）进行香气排队。

（5）避免外界因素的干扰。

（6）每次嗅评前，要将杯内叶底抖动翻个身。

嗅香动作示意

六、观 色

茶叶开汤后，茶叶内含成分溶解在水中所成的色彩，称汤色，又称水色，俗称汤门和水碗。汤色易受光线强弱、茶碗规格、容量、排列位置、沉淀物多少、冲泡时间长短的影响。

（1）看汤要及时，尤其是冬季。

（2）各碗体积一致。

（3）碗内不能有茶渣。

（4）绿茶先看汤色，后嗅香气。

（5）看汤色时注意评茶员所站位置光线强弱，评茶员应根据光线经常交换茶碗的位置。

步骤：滤出茶汤后，先用汤匙在碗里圆圈搅一下，使沉淀物集中在碗中央，便于观色；用于搅动的汤匙每搅一次，都要在清水中再搅一下。

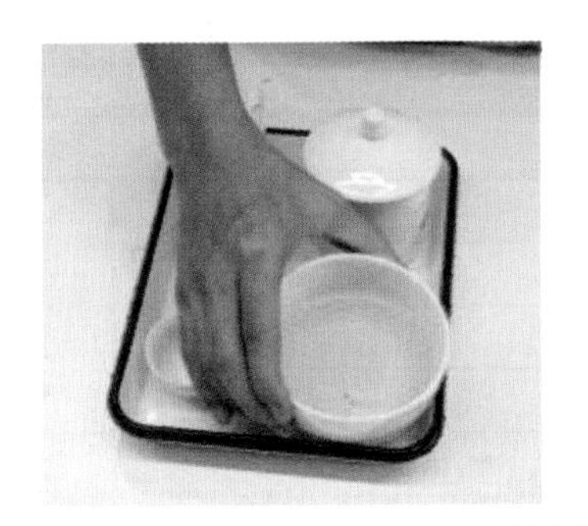

观色动作示意

七、尝 味

茶汤温度要适宜，一般以 50 ℃左右为好。茶汤送入口后，要使之在舌头上循环滚动，让位于舌头上不同部位的味蕾充分感觉茶汤的滋味，辨别滋味，一般不宜下咽。审评前不能吃有异味、强烈刺激性的食物，切勿抽烟。

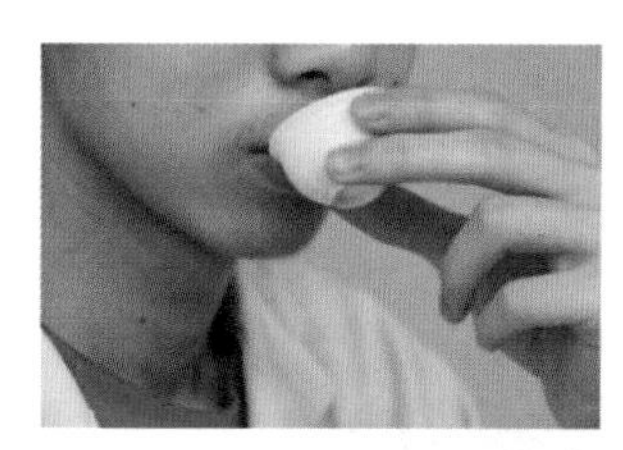 

尝味动作示意

八、评叶底

评叶底是将冲泡过的茶叶倒入叶底盘或审评盖的反面。评叶底时，用手感觉叶底的软硬、厚薄，再看芽头和嫩叶的含量、叶张卷摊、光糙、色泽及均匀度。

评叶底动作示意

小组进行茶叶审评训练，进行考核评分表。

八因子的评茶流程项目评价考核评分表

分项	内容	满分	自评分（10%）	组内互评分（10%）	组间互评分（10%）	教师评分（70%）	单项实际得分
1	取样						
2	把盘						
3	评看						
4	开汤						
5	嗅香						
6	观色						
7	尝味						
8	评叶底						
合计		100					

八因子的评茶流程

项目六　通晓绿茶审评术语

学习目标

- 知道绿茶审评的术语。
- 知道审评绿茶的外形与内质基本流程。

技能目标

- 能对绿茶进行外形与内质审评。
- 能应用审评术语进行绿茶外形与内质的评价。

素质培养目标

- 通过学习绿茶审评，提高学生对绿茶审评的认知，提升职业能力，提高职业素养。

任务一　扁平绿茶审评术语

评茶术语是记述茶叶品质感官结果的专业性用语，简称评语。可分为两类：一类属于褒义词，用来指出产品的品质优点或特点的；另一类属于贬义词，用来指出品质缺点。

一、干茶形状与色泽

褒义词有以下这些：

形状：扁直、光滑、匀净、匀整。

色泽：黄绿、嫩绿、翠绿、墨绿。

嫩绿

墨绿

黄绿

贬义词有以下这些：

形状：松散、断碎、爆点、破口。

色泽：绿褐、暗褐、灰绿、花杂。

暗褐

绿褐

爆点

花杂

破口

松碎

二、汤　色

褒义词有以下这些：

嫩绿明亮、浅绿明亮、黄绿明亮。

浅绿明亮

黄绿明亮

贬义词有以下这些：

黄绿欠亮、深黄、浑浊、黄暗、沉淀物。

黄绿欠亮

深黄

沉淀物

黄暗

三、香气与滋味

褒义词有以下这些：

香气：嫩香、栗香、花香、高香、花香、劣异气。

滋味：鲜醇、鲜爽、醇厚、回甘、劣异味。

贬义词有以下这些：

香气：焦气、陈气、粗气、劣异气。

滋味：焦味、陈味、苦、涩、劣异味。

四、叶　底

褒义词有以下这些：

柔软、匀齐、细嫩多芽、嫩绿明亮、黄绿明亮。

贬义词有以下这些：

破碎、暗杂、焦斑、红茎红梗。

破碎暗杂

焦斑

红梗红叶

青张

五、感官审评常用名词与虚词

感官审评常用名词有以下这些：

芽头、茎、梗、筋、碎、夹片、单张、片、末、朴、上段、中段、下段。

感官审评常用副词有以下这些：

较、稍、略、欠、尚、带、有、显、微、高、低、强。

以组为单位，进行扁平绿茶的评审。

扁平绿茶审评诊断

外形：________________________________

汤色：________________________________

滋味：________________________________

香气：________________________________

叶底：________________________________

扁平绿茶审评术语

任务二 卷曲绿茶审评术语

一、干茶形状与色泽

褒义词有以下这些：

形状：细紧、显毫、紧结、紧实。

色泽：绿嫩、墨绿、翠绿、绿润。

紧结翠绿

紧实绿嫩

细紧嫩绿

贬义词有以下这些：

形状：爆点、花杂、松散、松泡。

色泽：暗绿、绿褐。

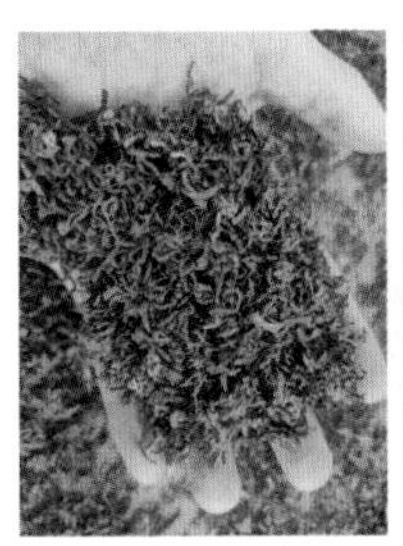
暗绿松散

爆点花杂

松泡绿褐

松散墨绿

二、汤 色

褒义词有以下这些：

嫩绿明亮、浅绿明亮、黄绿明亮。

嫩绿明亮

黄绿明亮

贬义词有以下这些：

黄绿欠亮、深黄、红暗、浑浊、黄暗、沉淀物。

红暗

黄暗，有沉淀物

三、香气与滋味

褒义词有以下这些：

香气：清香、清高、兰花香、甜香。

滋味：鲜醇、鲜爽、醇厚、回甘。

贬义词有以下这些：

香气：闷气、青色、顿浊、劣异气。

滋味：青味、青涩、熟味、劣异味。

四、叶　底

褒义词有以下这些：

柔嫩、肥嫩、多芽、嫩绿明亮、黄绿明亮。

贬义词有以下这些：

青张、破碎、暗杂、红梗红叶。

暗杂破碎

青张

红梗红叶

焦斑

以组为单位，进行卷曲绿茶的评审。

卷曲绿茶审评诊断

外形：______________________________

汤色：______________________________

滋味：______________________________

香气：______________________________

叶底：______________________________

卷曲绿茶审评术语

任务三　判断绿茶类别和级别

一、绿茶的类别

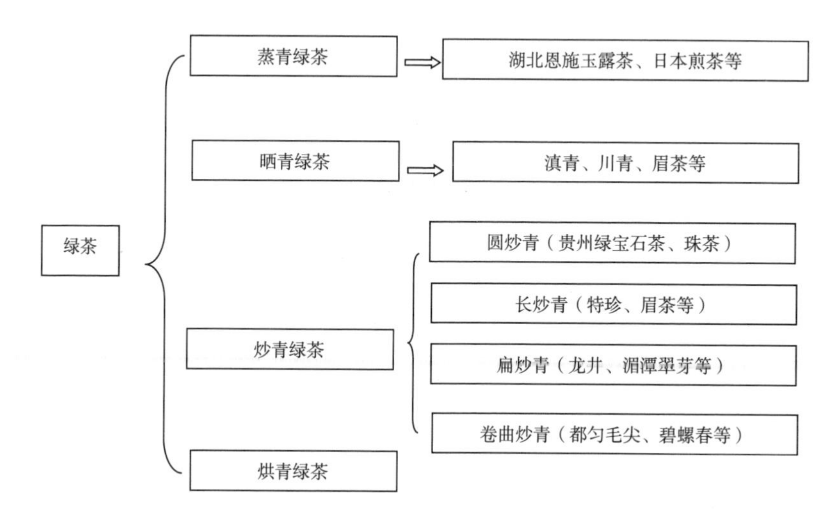

二、绿茶的加工

1）扁平绿茶加工工艺流程

鲜叶 — 摊青 — 青锅 — 筛分 — 回潮 — 辉锅。

2）卷曲绿茶加工工艺流程

鲜叶 — 摊青 — 杀青 — 揉捻 — 搓团 — 提毫 — 烘焙。

三、绿茶的审评

1）外形审评

主要审评干茶的形状、嫩度、色泽、匀整度、净度等。

2）汤色审评

主要审评茶汤的颜色种类与色度、明暗度、清浊度等。

3）香气审评

主要审评香气的类型、浓度、纯异、持久性等。

4）滋味审评

主要审评茶汤的浓淡、厚薄、醇涩、纯异和鲜钝等。

5）叶底审评

主要审评叶底的嫩度、色泽、明暗度、匀整度等。

四、十大名优绿茶的审评

因子	档次	品质特征	给分	评分系数
外形	A	细嫩，以单芽到一芽二叶初展或相当嫩度的单片为原料，造型美且有特色，色泽嫩绿或翠绿或深绿，油润，匀整，净度好	90 ~ 99	25%
	B	较细嫩，造型较有特色，色泽墨绿或黄绿，较油润，尚匀整，净度较好	80 ~ 89	
	C	嫩绿稍低，造型特色不明显，色泽暗褐或陈灰或灰绿或偏黄，较匀整，净度尚好	70 ~ 79	
汤色	A	嫩绿明亮，浅绿明亮	90 ~ 99	10%
	B	尚绿明亮或黄绿明亮	80 ~ 89	
	C	深黄或黄绿欠亮或浑浊	70 ~ 79	
香气	A	嫩香、嫩栗香、清高、花香	90 ~ 99	25%
	B	清香、尚高、火工香	80 ~ 89	
	C	尚纯、熟闷、老火或青气	70 ~ 79	
滋味	A	鲜醇、甘鲜、醇厚鲜爽	90 ~ 99	30%
	B	清爽、浓厚、尚醇厚	80 ~ 89	
	C	尚醇、浓涩、青涩	70 ~ 79	
叶底	A	细嫩多芽，嫩绿明亮、匀齐	90 ~ 99	10%
	B	嫩匀，绿明亮、尚匀齐	80 ~ 89	
	C	尚嫩、黄绿、欠匀齐	70 ~ 79	

请对下图的茶进行 A、B、C 分档，并说明原因。

扁形绿茶

卷曲绿茶

判断绿茶类别和级别

项目七 鉴别绿茶茶叶的优次

学习目标

- 知道绿茶外形、内质审评要点。
- 知道绿茶茶叶审评缺陷产生的原因及相应的改进措施。

技能目标

- 能通过鉴别绿茶外形及内质，确定绿茶等级。
- 能通过审评改进茶叶的生产技术。

素质培养目标

- 通过学习茶叶优次鉴别，提升对成品茶的鉴别能力以及改进制茶手法。

任务一　茶叶审评优次鉴别——外形审评

一、嫩　度

外形的主要品质因子，是审评外形的重点。

嫩度好：芽与嫩叶的比例大，水分含量高，嫩叶可溶性成分含量高，饮用价值高。

锋苗芽叶的锐度：指芽叶紧锁做成条的锐度。条索紧结、芽头完整、锋利并显露，则表明锋苗多、嫩度好（炒青）。

毫量：白毫、金毫多，则茶叶嫩度好（烘青）。

光糙度：指茶条表面粗糙的程度，茶叶软，茶汁多，易成条，则表面平展光滑。

嫩度好

嫩度差

二、条　索

条索指叶片卷成的条，是区别商品茶种类及等级的依据。

1. 长条形茶的条索

松紧：条细，空隙度小、体积小、重实；反之，空隙大的为松条。

弯直：圆浑紧直的为好。

壮瘦：叶肉厚、芽肥壮而长的茶，身骨重，品质好。

圆扁：长度比宽度大若干倍的条形，其横截面近圆形。

轻重：用于衡量茶条的重量和打手感觉。

2. 扁片形茶的条索

规格：龙井茶形扁平，平整挺直，尖削似宝剑，直条中间微拱（长度在 3 厘米以下）。

3. 圆珠形

颗粒松紧：芽叶卷成颗粒，粒小紧实而完整（圆紧结）。

匀正：各段茶品质符合要求，拼配适当。

轻重：颗粒紧实，叶质肥厚，身骨重称为重实。

空实：圆整而紧实为实，粒粗大或朴块状为空。

扁平

欠扁平

三、色 泽

色度：比颜色的深浅（茶叶颜色的深浅程度）。

光泽度：比润枯、鲜暗、匀杂（外来光线照射茶叶后，一部分被吸收，一部分被反射出来，形成茶叶色面的亮暗程度）。

绿茶的色泽可分为深绿、翠绿、黄绿、灰绿。观察其深浅、润枯、鲜暗和匀杂可鉴别其品质。

（1）深浅：先看是否符合正常的茶类色泽，一般高级茶的色深随着级别下降颜色逐渐变浅。

（2）润枯：茶色一致，似带油光，色面反光强则润。
有色而无光泽或光泽差则枯。

（3）鲜暗："鲜"色泽鲜艳、鲜活，给人以新鲜感。
"暗"指茶色深且无光泽。
紫芽种制成的绿茶，色泽带黑发暗。
过度深绿的鲜叶制成红茶，色青暗或乌暗。

（4）匀杂：匀表示色调和一致，给人以正常感。
杂表示色不一致，参差不齐，茶中黄片、青条、筋梗等多为杂。

黄绿有色泽

绿褐枯暗

四、整 碎

整碎是指外形的匀整程度。毛茶基本上要保持原鲜叶的自然状态，一般以完整为好、断碎的为差。下脚茶看是否本茶本末，精茶的整碎主要评比各孔茶的拼配比例是否恰当，要求筛档匀称，不脱档，上、中、下三段茶互相衔接。

匀整净度好

断碎破口

五、净　度

茶叶的净度

净度是指茶的干净与夹杂程度，不含夹杂物的净度好，反之则净度差。

茶类夹杂物包括茶梗（嫩梗、老梗、木质梗）、茶籽、茶朴、茶片、茶末、毛衣等。

非茶类夹杂物包括杂草、树叶、泥沙、石子、石灰、竹叶、竹片等。

完成10款绿茶的外形审评。

序号	名称	嫩度	条索	色泽	整碎	净度	总结
1	安吉白茶						
2	黄山毛峰						
3	开化龙顶						
4	庐山云雾						
5	都匀毛尖						
6	六安瓜片						
7	信阳毛尖						
8	羊岩勾青						
9	碧螺春						
10	西湖龙井						

茶叶审评优次鉴别——外形审评

任务二　茶叶审评优次鉴别——内质审评

一、汤　色

汤色是指茶叶冲泡后溶解在热水中的溶液所呈现的色泽。

审评汤色速度要快，汤中多酚类物质与空气接触，容易氧化变色，绿茶汤变黄变深，青茶汤色变红，红茶汤变暗。汤色主要比较色度、亮度和清浊度。

1. 色　度

色度指茶汤的颜色，主要评比正常色、劣变色、陈变色三方面。

正常色：指正常采制加工的茶经冲泡后呈现的汤色。名茶一般汤浅明亮、明净、晶莹。

劣变色：鲜叶采摘、运输、摊青等处理不当，初制加工不合理，致使汤色不正。绿茶汤色轻则变黄；重则变红；红茶如红茶发酵过度则汤显深暗。

陈变色：茶叶放置一段时间后汤色所发生的变化，时间越久，陈化程度越深。

由于汤色易变，绿茶内质审评应先看汤色，再嗅香气以及看汤要及时。

2. 亮　度

亮度指亮暗程度，能一眼见底为亮，否则为暗。

3. 清浊度

清浊度指茶汤清澈或浑浊程度。

清：汤色纯净透明，无混杂，一眼见底。

浊（混、浑）：汤不清，浑浊，视线不易透过汤层，难见碗底，汤中有沉淀物或细小悬浮物。

冷后浑（乳凝现象）：咖啡碱与多酚类物质氧化产生的络合物。它溶于热水，不溶于冷水。这与浊是不同的。劣变与陈变产生的茶汤易混浊不清。

由以上可知汤色即茶汤的性质、深浅、明暗和清浊，通常以茶汤清、亮、明为上。

黄绿明亮　　黄绿欠亮沉淀物　　深黄浑浊沉淀物

茶汤清浊度对比

二、香　气

审评茶叶香气时，除辨别香型外，主要比纯异、高低和长短。

1. 纯　异

纯是指某茶应有的香气，异是指茶香中夹有其他的气味。纯要区分三种情况：茶类香、地域香、附加香。

茶类香：绿茶为清香；红茶为甜香；黑茶为松烟香；黄大茶为锅巴香，微甜；青茶为花香、果香；白茶为毫香；川红工夫为橘糖香；滇红为花香；茯砖为菌花香。

地域香：地方特有香气，如绿茶有的具有兰花香、嫩香、熟板栗香、豆花香等。

附加香：除茶叶外其他物质添加的香，如茉莉花茶、桂花茶等。

异气是指茶香不纯或沾染外来气味，重的以异气为主，如烟焦、酸馊、霉陈、日晒、水闷、青草气、水气、油气、药气等。

2. 高　低

可以从浓、鲜、清、纯、平、粗 6 个字来区分。

浓：茶香气高，入鼻充沛有活力，刺激性强，丰富。

鲜：犹如呼吸新鲜空气，有醒神爽快感。

清：清爽新鲜之感，刺激性不强。

纯：香气一般，无异杂气味（纯正）。

平：香气平淡，但无异杂气味。

粗：糙鼻或辛涩，感觉不舒服。

3. 长　短

即香气的持久性，以纯正持久为好（高而长好，高而短次之，低而粗又次之）。

热嗅：趁热嗅闻，主要评比香气的纯异。

温嗅：在看完汤色后再来嗅闻香气，主要评比香气的类型、高低优次。

冷嗅：在尝完茶汤滋味后，再评茶叶香气的持久程度。

一般高档茶，香气馥郁，鲜爽持久；中档茶香虽高，但不持久；低档茶香低，常带粗气；若有烟、馊、霉、焦、老火等气味，则为次品茶、异味茶；严重的应视为劣变茶。

三、滋　味

纯正的滋味分浓淡、强弱、鲜爽、醇和；不纯的滋味有苦、涩、粗、异。

1. 纯正的茶汤

浓：内含物多，可溶成分多，有厚重感。

淡：内含物少，可溶成分少，淡而无味。

强：茶汤入口刺激性强或收敛性强。

弱：茶汤入口平淡，刺激性弱。

鲜爽：鲜如食新鲜水果感觉，爽指爽口。

醇和：醇表示茶味尚浓，回味也爽，但刺激性欠强；和表示平淡正常。

2. 不纯正的茶汤

（1）苦味：入口后，先微苦后回味甜（正常）；入口后，先微苦后不苦不甜（正常）；入口后，先微苦后也苦（苦味）；入口后，先微苦后更苦（苦味）。

（2）涩：如吃生柿子，有麻嘴、厚唇、紧舌之感，涩味轻重可以从刺激的部位和范围来区别。涩味轻的在舌面两侧有感觉；涩味重一点，整个舌面有麻木感（入口后先有涩感而后不涩，吐出茶汤后仍有涩感才属涩味）。

（3）粗：在舌面感觉粗糙。

（4）异：如酸、馊、霉、焦味等。

3. 滋味优次

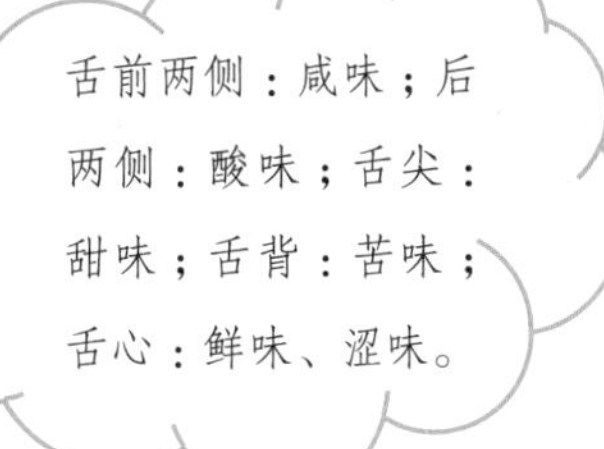

茶汤以入口微苦、回味甘甜为好，以入口苦、回味苦涩为最差。

一般春茶滋味厚鲜爽，夏秋茶往往苦涩味重，粗老茶味粗而带涩味。

品尝茶汤的温度以 50 ℃ 左右为宜。

茶汤温度太高，易烫坏评茶人员的味觉器官，味觉麻木，不能正常品味；茶汤温度太低，茶汤对味觉器官刺激不够，影响味觉的灵敏度。

另外，茶汤中的物质随温度下降而逐步析出，汤味会变得不协调。

四、叶 底

1. 嫩 度

以芽头嫩叶含量比例与叶质老嫩来衡量。

手压叶底后不松起的嫩度好，芽头多。

2. 色　泽

主要看色度和亮度，其含义与干茶相同。

绿茶以嫩绿、黄绿、翠绿明亮为优，深绿较差。

红茶以红艳、红亮为优。

3. 匀　度

主要以老嫩、大小、厚薄、色泽和整碎等因子都较接近一致匀称的为匀度好。

审评叶底时还应注意叶张舒展情况，看是否掺杂。好的叶底应具备亮、嫩、厚、稍卷等几个或全部因子。

细嫩成朵、嫩绿明亮

尚嫩、破碎、绿明亮

完成10款绿茶的内质审评。

序号	名称	汤色	香气	滋味	叶底	总结	备注
1	安吉白茶						
2	黄山毛峰						
3	开化龙顶						
4	庐山云雾						
5	都匀毛尖						
6	六安瓜片						
7	信阳毛尖						
8	羊岩勾青						
9	碧螺春						
10	西湖龙井						

茶叶审评优次鉴别——内质审评

任务三 常见绿茶缺陷产生原因和改进措施

一、条索粗松、松散

产生原因：

（1）采摘的茶叶原料嫩度差或老嫩不匀、加工制作时难以实现一致，致使条索粗松或散条混杂其中。

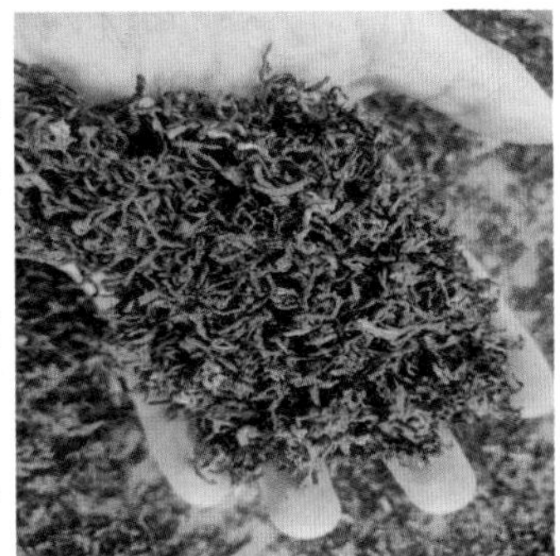
条索粗松、松散

（2）手工炒制时投叶过少、火温过高。茶叶水分被快速强迫散发，做形工序要求的收紧或卷曲时间不够，茶叶快速被干燥固形，导致条索粗松或松散，不能成形。

（3）在制作卷曲茶时，揉捻加压欠缺、投叶过少，致使茶条卷曲度不够，造成茶条松散。

（4）在制作扁形绿茶时，青锅理条不够，造成茶条粗松、松散。

改进措施：

（1）严格把关青叶采摘标准，务必做到采摘均匀。同时，在制作过程中，需要根据青叶不同等级进行分别加工付制。

（2）增加投叶量，控制锅温。如叶温过高，可进行出锅摊凉处理。

（3）揉捻时加压适量，“慢—快—慢”速度进行加压处理，按照同一个方向进行揉捻，切勿大量出汁。

（4）青锅时注意理条手势，合理安排制作时间和加工工序，并避免为一味追求色泽表面而变动工艺。

二、爆 点

爆点

产生原因：

这类较常见门弊病形成原因是温度过高使茶叶产生局部炭化，尤其是嫩芽尖和叶缘易被烧焦。

改进措施：

（1）控制投叶量。

（2）辉锅时掌握温度、手势，温度不可过高，茶叶能控在手中，缓慢散发水分与压扁茶条相结合。

三、沉　淀

茶汤沉淀

产生原因：

（1）摊青时随意在地上摊放；青叶接触的器具有杂质。

（2）温度过高，茶叶细末受热炭化产生沉淀。

改进措施：

（1）保持加工场地与器具的整洁，确保加工中过程中不落地。

（2）严格控制温度，特别是在烘干环节中，温度切勿过高。

四、水闷气

产生原因：

（1）绿茶杀青闷炒过久，杀青不匀不透。

（2）杀青后未经摊晾，或摊晾不足直接进行揉捻。

（3）烘干温度过低，水汽没有充分发散。

（4）雨水叶摊青时间不够，青叶水分含量过高。

改进措施：

（1）杀青时“闷炒结合”，适当进行“扬炒”。

（2）杀青完成后，及时进行摊凉，摊凉后才能进行揉捻。

（3）适当提高烘干温度。

（4）雨水叶及时进行摊青，挥发水分。

五、焦　气

产生原因：

（1）绿茶杀青叶温度过高。

（2）揉捻后未筛出末茶，在烘干环节温度太高使之炭化。

（3）理条时压力过重，致使茶汁黏着锅壁持续受高温作用而炭化。

改进措施：

（1）控制杀青温度。

（2）控制烘干温度。

（3）揉捻完成后应及时解块并筛分末茶。

（4）理条加压要适当。

六、生青气

产生原因：

（1）青叶未经摊放直接加工。
（2）杀青温度偏低，不匀不透出青张。
（3）杀青高温时间短，闷杀后扬炒不足。
改进措施：
（1）青叶及时摊放，挥发水分。
（2）延长杀青时间；抛、闷结合；杀匀杀透。
（3）提高杀青温度，杀青时抛闷结合，杀匀杀透。

七、苦 味

产生原因：
（1）揉捻时加压过重，茶叶出汁过多。采摘某些病变的原料。
（2）理条时加压过重，茶叶出汁混杂紫色芽叶。
（3）有紫色叶混杂其中。
改进措施：
（1）揉捻时控制加压力度，做到“慢—快—慢”，避免采用病变叶作原料。
（2）理条时控制加压力度。
（3）采摘时不采紫色芽叶。

八、红梗红叶

产生原因：
（1）采摘手法不当，致使新梢断裂处细胞破损过大。
（2）储运鲜叶堆压过重过久，导致红变。
（3）杀青时温度低，翻炒不匀不足，叶子受热不足。
（4）揉捻后未及时干燥或干燥温度低、时间长。

红梗红叶

改进措施：

（1）采用恰当的采摘方式。

（2）储运鲜叶的容器应透气，忌用塑料袋装运。

（3）采下的鲜叶及时送至茶厂摊放散热。

（4）鲜叶摊放不宜过厚、过久。

（5）杀青要杀透、杀匀。

（6）揉捻叶应及时干燥。初干温度不低于 120 ℃。

对前期自己炒制的茶叶进行审评并书写手工制茶的改进措施。

茶类加工技术缺陷诊断

1. 茶叶品质评语

外形：________________________________

汤色：________________________________

滋味：________________________________

香气：________________________________

叶底：________________________________

2. 茶叶技术缺陷诊断

主要加工技术不足：________________________

工艺改进要点建设：________________________

常见绿茶缺陷产生原因和改进措施

六大茶类的品鉴方法

模块三

学习目标

- 知道茶艺接待时应遵守的礼仪及基本的服务技巧。
- 知道不同地区宾客接待的注意事项。

技能目标

- 能遵守艺职业道德规范进行基本茶艺服务。
- 能根据不同的场合进行基本的茶艺服务。

素质培养目标

● 通过学习茶艺服务的基本礼仪，可以提升个人素质修养，和谐人际关系，传承中国茶文化传统。

任务一　中国茶艺

中国是茶的故乡，茶的种植、加工、品饮及文化均源自中国，世界的茶文化源自中国博大精深的茶文化底蕴。

广阔的中国大地，以及悠久的历史文化、众多的民族文化，为中国独特的茶艺、精湛的技术奠定了良好的基础。

一、茶艺分类的基本原则

1. 同一原则

根据同一种标准，对茶艺表演进行归类，或按同一种茶类，或按同一种茶具等来进行划分。

按同一种茶类，可分为绿茶茶艺、红茶茶艺。

按同一种茶具，可分为单壶泡法、盖碗泡法。

盖碗泡法

单壶泡法

2. 个性原则

茶艺应该具有不同的特色，应充分考虑到自然和人文属性。

3. 功能原则

茶艺的实用性是最基本的和第一位的。以茶艺的功能性划分茶艺类型，更体现茶的功能、茶文化的功能。

二、茶艺的分类

1. 按所冲泡茶类分

（1）绿茶茶艺：包括龙井茶茶艺、碧螺春茶茶艺等。

（2）红茶茶艺：包括功夫红茶茶艺、小种红茶茶艺等。

（3）乌龙茶茶艺：有乌龙茶小壶冲泡茶、潮汕功夫茶茶艺、台湾功夫茶茶艺、安溪功夫茶茶艺、武夷山功夫茶茶艺等。

（4）黄茶、白茶、花茶茶艺：如君山银针茶茶艺、白毫银针茶茶艺、花茶及茉莉花茶茶艺等。

绿茶玻璃杯冲泡

乌龙茶小壶冲泡

2. 按民族、民俗分类

（1）民族茶艺：藏族的酥油茶、蒙古族的奶茶、白族的三道茶、畲族的宝塔茶、布朗族的酸茶、土家族的擂茶、维吾尔族的香茶、纳西族的“龙虎斗”、回族的罐罐茶以及傣族和拉祜族的竹筒香茶等。

（2）宗教茶艺：有禅茶茶艺、太极茶艺。

（3）宫廷茶艺：唐代的清明茶宴，唐玄宗与梅妃斗茶，唐德宗时期的东亭茶宴，宋代皇帝游观赐茶、视学赐茶，以及清代的千叟茶宴等均可被视为宫廷茶艺宴。

（4）美容保健茶茶艺：包括美容养生、时令保健茶、颜茶祛病健身茶、延年益寿茶。

佤族烤茶

彝族养生茶

3. 按年代、表现形式、地域社会阶层、操作人分类

按茶艺的年代分类：古代茶艺、现代茶艺。

从茶艺的表现形式分类：表演型茶艺、待客型茶艺、企业营销茶艺、修身养性茶艺。按茶艺所在地域划分：北凉的盖碗茶、西湖的龙井茶、修水的礼宾茶、婺源文士茶。按茶艺的社会阶层划分：茶艺又可分为宫廷茶艺、宗教茶艺、民间茶艺、寺庙茶艺等。以表现茶艺的人为主体分类：有宫廷茶艺、文士茶艺、民俗茶艺、宗教茶艺。

表演型茶艺

4. 按饮茶器具来划分

包括紫砂壶小壶冲泡、瓷壶大壶冲泡、盖碗杯茶艺、玻璃杯茶艺。

盖碗杯茶艺

玻璃杯茶艺

另外还有不同国家的茶文化。

韩国茶礼

日本茶道

三、茶艺包含的共同层面

1. 哲学理念

每种茶艺都有自己独特的哲学内涵。例如，白族三道茶“一苦二甜三回味”，有苦尽甘来之意。

2. 礼仪规范

茶艺包含一定的礼仪规范，这些礼仪规范既包含在迎宾奉茶当中，又包含在整个冲泡过程。

3. 茶艺的艺术表现

任何一种茶艺都应该有自己独特的特点，并与其他的茶艺相区别。在冲泡过程中，茶艺也应在器具、茶叶和其他方面进行表现。

4. 技术要求

每一种茶艺都应该达到最佳的冲泡效果、最佳的口感、最佳的观感。如观感应表现在汤色清亮、器具清新、环境清雅等方面。

四、茶艺“三法”“四要”

（一）茶艺“三法”：制茶法、烹茶法、佐茶法

1. 制茶法

唐代之前茶叶“煮茶汤式”烹而食之，陆羽总结前人经验，草创蒸草制茶法，以饼茶为主。宋代茶道屈从王道，贡茶花样翻新，龙、凤团饼茶出现。明代茶道务实，富有创意，在制茶法上普及了炒青法，并由此形成今之六大茶类。

2. 烹茶法

（1）煮茶法。直接将茶放在釜中烹煮，是我国唐代以前最普遍的饮茶法。

煮茶法过程在陆羽《茶经》中已详细介绍，大体上说，首先将饼茶研碎待用，然后以炭火煮水。一沸时，鱼目似的水泡微露，加入茶末。二沸时出现沫饽，沫为细小茶花，饽为大花，皆为茶之精华。此时将沫饽舀出，置熟盂之中以备用。三沸时将二沸时盛出之沫饽浇入釜中，称为“救沸”“育华”。待精华均匀，茶汤便好了。

茶汤煮好，均匀地斟入各人碗中，含雨露均施、同分甘苦之意。

旧时“煮茶”流程：烧水开—放盐调味—茶粉入锅—煮沸—舀入茶碗—连汤带茶末吃—“吃茶”。

现代煮茶：水开—投茶—煮沸—喝茶去渣。

（2）点茶法。饼茶—碾成粉—茶碗—冲入沸水—茶筅—用力击打—茶水交融—渐起沫饽—如堆云积雪。此法为宋代斗茶所用。

茶的优劣以饽沫出现是否快、水纹露出是否慢来评定。沫饽洁白，水脚晚露而不散者为上。因茶乳融合，水质浓稠，饮下去盏中胶着不干，称为“咬盏”。

点茶法

（3）毛茶法。即在茶中加入干果，直接以热水点泡，饮茶食果。茶人于山中自制茶，自采果，别具佳趣，如八宝茶（包含绿茶、枸杞、菊花、红枣、芝麻、参片、核桃、冰糖）。

（4）点花茶法。为明代朱权等所创。将含苞欲放的梅花、桂花、茉莉花等蓓蕾数枚直接与末茶同置碗中，热茶水气蒸腾，双手捧定茶盏，使茶汤催花绽放，既观花开美景，又嗅花香、茶香。色、香、味同时享用，美不胜收。

（5）泡茶法。自明清以来，此法在民间广泛使用。虽然不同地区、不同茶类，冲泡之法不尽相同，但均以发茶味、显其色、不失其香为要旨。浓淡亦随各地所好而有异。

3. 佐茶法

以茶食混合，佐而饮之，或者将茶叶与食物混合烹制，或者以清茶搭配茶点来饮用，如苗族打油茶、客家擂茶等。

苗族打油茶

（二）茶艺“四要”：精茶、真水、活火、妙器

1. 要精茶

这是茶艺四要的重中之重，泡茶一定要懂茶。

要根据干茶的形、色、香、味，鉴定其优劣。“形”指干茶叶形状，“色”指干茶的色泽、汤色和叶底色泽，“香”指茶叶冲泡后散发出来的香气，“味”指茶叶冲泡后茶汤的滋味。

2. 要真水

“茶者，水之神；水者，茶之体。”好茶选好水。陆羽也曾说过“山水上，江水中，井水下”。雨水、雪水是“天水”，烹茶亦佳。宜茶之水一般要清、活、轻、甘、冽。“清”就是无色、透明、无沉淀；“活”就是流动的水；“轻”指一般是宜茶的软水；“甘”指水味淡甜；“冽”指水温冷、寒，以冰水、雪水最佳。

3. 要活火

茶有九难，火为之四。烹茶要“活火”，燃料选择上一要燃烧值高，二要无异味。如何看火候？“三大辨，十五小辨”是古人的经验。饮食行业谚语曰：“三分技术七分火。”烹茶用火不易。所以陆羽《茶经·六之饮》中提出“茶有九难，火为之四”。并说“膏薪庖炭，非火也”，即有油烟的柴和沾有油腥气味的炭不宜作烤、煮茶的燃料。茶文化发展到后来煮茶渐渐变成以开水冲泡，无须“三大辨、十五小辨”。但“活火”一说，防止燃料异味串味损坏茶品一说，对现代茶人仍有指导作用。

4. 要妙器

即好茶配妙器，茶艺四事，茶具乃其一端。品茗专用茶具早创于唐代，由繁趋简、由粗趋精，历古朴、富丽、淡雅三个阶段，在明清趋于完善，尤以宜兴紫砂壶为最。“茗注莫妙于砂，壶之精者又莫过于阳羡”，“壶必言宜兴陶，较茶必用宜壶也”。茶具的发展与文化同步，与茶道同步。

调查中国茶艺的发展史，说一说中国茶艺的历程。

说一说茶艺的“三法”“四要”分别说明什么。

中国茶艺的前世今生

任务二　茶艺服务的职业修养

茶艺服务，是指茶艺服务人员在茶文化氛围下，为前来品茗的宾客提供茶事服务，满足不同的需求，并对茶文化的传播产生一定的影响。服务质量的好坏直接关系到茶文化的传承，以及茶馆的经营与发展，同时也是茶艺服务人员素质高低的体现。茶艺服务人员应具备的基本素质、行为礼仪如下。

一、身体健康

1. 体检

上岗前必须到指定医院进行身体检查，体检合格并取得健康证后方可上岗。

2. 个人卫生

保持口腔清洁。勤理发、勤洗头、勤剪指甲。指甲内不得有污垢，不染指甲。保持自然发型，不得染发，不能留怪异发型。淡妆上岗，不得使用带有较明显刺激性的化妆品，手不能涂抹化妆品。患有皮肤类疾病者，要选择用药，勤洗澡，保持身体清洁。不准在服务区域剔牙、抠鼻、挖耳，不准随地吐痰。

二、思想积极向上

1. 客人至上

这是茶艺服务人员最根本的职业道德规范。

2. 信誉第一

这是茶艺服务人员处理主客关系的重要准则。

3. 优质服务

这是茶艺服务人员实施职业道德规范最重要的准则。

4. 不卑不亢

这是茶艺服务人员处理主客关系中的重要原则。

5. 团结协作

这是茶艺服务人员正确处理同事之间、部门之间、企业之间以及局部利益与整体利益、眼前利益与长远利益等相互关系的重要准则。

6. 廉洁奉公

这是茶艺服务人员正确处理公私关系的一种行为准则，它既是法律规范性的要求，又是道德规范的需要。

三、过硬的服务技能

1. 熟练掌握茶艺服务的文化知识

例如掌握茶叶发展概况、宗教信仰、民风民俗知识；了解茶叶的分布和种植情况；掌握有关宜茶用水的选择、水的温度、水的用量等常识，能够了解泡茶用水的质量标准，冲泡不同茶叶时的用水量、水温，茶器种类等常识。以及能够掌握一些与茶艺表演有关的音乐知识，如不同茶艺表演时应播放的背景音乐，掌握一些茶画、茶诗、茶的典故等相关知识。

2. 推敲技巧

顾客对某一茶叶或茶艺服务产生兴趣或希望进一步了解某种茶叶和茶艺服务时，对其进行针对性的推销往往会受到对方的欢迎。

3 应变能力

首先，必须牢固树立“客人至上”的服务意识，这是茶艺服务人员以不变应万变的出发点。其次，要具有能迅速发现问题、辩证分析问题和果断解决问题的能力。

四、基本要求

1. 礼

在服务过程中，要注意礼貌、礼仪、礼节，以礼待人，以礼待茶，以礼待器，以礼待己。

2. 雅

茶乃大雅之物，尤其在茶艺馆这样的氛围中，服务人员的语言、动作、表情、姿势、手势等要符合雅的要求，努力做到言谈文雅，举止优雅，尽可能地与茶叶、茶艺、茶艺馆的环境相协调，给顾客一种高雅的享受。

3. 柔

茶艺员在服务时，动作要柔和，讲话时语调要轻柔、温柔、温和，展现出一种柔和之美。

4. 美

主要体现在茶美、器美、境美、人美等方面。茶美，要求茶叶的品质要好，货真价实，并且要通过高超的茶艺把茶叶的各种美感表现出来。器美，要求茶具的选择要与冲泡的茶叶、客人的心理、品茗环境相适应。境美，要求茶室的布置、装饰要协调、清新、干净、整洁。台面、茶具应干净、整洁且无破损等。茶、器、境的美，还要通过人美来带动和升华。人美，体现在服装、言谈举止、礼仪礼节、品行、职业道德、服务技能和技巧等方面。

5. 静

主要体现在境静、器静、心静等方面。境静，主要是指品茶环境保持安静；器静，指茶艺员在使用茶具时，动作要娴熟、自如、柔和、轻拿轻放，尽可能不使其发出声音，做到动中有静，静中有动，高低起伏，错落有致；心静，就是要求心平气和。茶艺员的心态在泡茶时能够表现出来，并传递给顾客，表现不好，就会影响服务质量，引起客人的不满。因此，管理人员要注意观察茶艺员的情绪，及时调整他们的心态，对情绪确实不好且短时间内难以调整的，最好不要让其为顾客服务，以免影响茶艺馆的形象和声誉。

五、茶艺魅力

1. 微　笑

茶艺员的脸上应时刻带着微笑。有魅力的微笑、发自内心的得体的微笑，这对体现茶艺员的身价十分重要。茶艺员每天可以对着镜子练微笑，但真诚的微笑发自内心，只有内心尊重客人，微笑才会光彩照人。

2. 语　言

茶艺员说话应轻声细语。但对不同的客人，茶艺员应主动调整语言表达的速度。对善于言谈的客人，你可以加快语速，或随声附和，或点头示意；对不喜欢言语的客人，你可以放慢语速，增加一些微笑和身体语言，如手势、点头。总之，与客人步调一致，才会受到欢迎。

3. 交　流

茶艺员讲茶艺不要讲得太满，从头到尾都是自己在说，这会使气氛紧张。应该给客人留出空间，引导客人参与进来。除了让客人品茶外，还要让客人开口说话。引出客人话题的方法很多，如赞美客人，评价客人的服饰、气色、优点等，这样可以迅速缩短和客人之间的距离。

湘湖龙井冲泡技艺

4. 功　夫

这是茶艺员的专业。知茶懂茶、知识面广、表演得体等，这是成为优秀茶艺员的先决条件。

六、行业行为举止

（1）上岗前，要做好仪表、仪容的自我检查，做到仪表整洁、仪容端正。

（2）上岗后，要做到精神饱满、面带微笑、思想集中，随时准备接待每一位来宾。

（3）宾客进入茶馆时要笑脸相迎，并致以亲切的问候，使宾客一进门就感到心情舒畅，同时将不同的宾客引领到能使他们满意的座位上。

（4）如果一位宾客再次光临时又带来了几位新宾客，那么对这些宾客要像对待老朋友一样，应特别热情地招呼接待。

（5）恭敬地向宾客递上清洁的茶单，耐心地等待宾客的吩咐，仔细倾听，记牢宾客提出的各项具体要求，必要时向宾客复述一遍，以免出现差错。

（6）留意宾客的细小要求，如“茶叶用量的多少”等问题，一定要尊重宾客的意见，严格按宾客的要求去做。

（7）当宾客对饮用什么茶或选用什么茶食拿不定主意时，可热情礼貌地推荐，使宾客感受到服务的周到。

（8）在为宾客做茶时，要讲究操作举止文雅、态度认真和茶具的清洁，不能举止随便、敷衍了事。

（9）服务中如需与宾客交谈，要注意适当、适量，不能忘乎所以，要耐心倾听，不与宾客争辩。

（10）要注意站立的姿势和位置，不要趴在茶台上或和其他服务员聊天，这是对宾客不礼貌的行为。

（11）宾客之间谈话时，不要侧耳细听，在宾客低声交谈时，应主动回避。

（12）宾客有事招呼时，不要紧张地跑步上前询问，也不要漫不经心。

（13）宾客示意结账时，要双手递上放在托盘里的账单，请宾客查核款项有无出入。

（14）宾客赠送小费时，要婉言拒绝，自觉遵守纪律。

（15）宾客离去时，要热情相送，欢迎他们再次光临。

七、行业语言规范

礼貌用语：

问候：早上好／您早／晚上好／您好／大家好。

致谢：非常感谢／谢谢您／多谢／十分感谢／多谢合作。

拜托：请多关照／承蒙关照／拜托了。

慰问：辛苦了／受累了／麻烦您了。

赞赏：太好了／真棒／美极了。

谢罪：对不起／劳驾／实在抱歉／真过意不去。

挂念：身体好吗？／近况还好吗？／生活愉快吗？

祝福：托您的福／您真有福气。

理解：只能如此／深有同感／所见略同。

迎送：欢迎／明天见／再见。

祝贺：祝您节日愉快／恭喜。

征询：您有什么需要？／需要我帮您做什么事吗？

应答：没关系／不必客气。

婉言拒绝：很遗憾，不能帮您的忙／谢谢您的好意，但我还有许多工作。

在工作中必须注重语言的礼节性：

（1）茶艺服务人员在服务接待中要使用敬语。使用敬语时，要注意时间、地点和场合，语调要甜美、柔和。

（2）在服务中要注意用“您”而不用“你”或“喂”来招呼宾客。当宾客光临时应主动先向宾客招呼说“您好”，然后再说其他服务用语，不要顺序颠倒。正确称呼客人，可以在姓氏后面加上先生、女士、职务等。

（3）当与宾客说“再见”时，可根据情景需要再说上几句其他的话语，如“欢迎再来”等。

（4）工作时使用普通话或者客人较为熟悉的方言。

（5）表情自然大方，态度诚恳、亲切，语言清晰易懂，注意语音、语速、语调、语气。

茶艺分汤服务礼仪

以组为单位，进行茶室情景剧表演，并拍摄视频上传到云台。

茶艺服务的职业修养

任务三　不同地域的茶艺接待礼节

俗话说，“十里不同风，百里不同俗”。由于历史、地理、民族、信仰、文化、经济等的不同，各地的茶俗无论是内容还是形式都具有各自的特点，呈现百花齐放、异彩纷呈的繁盛局面。必须熟知各地的礼节形式，这样才能在工作中真正做到热情真诚，以礼相待。

一、国外宾客的茶艺接待礼仪

1. 日　本

日本人讲究饮茶，注重饮茶礼法，为他们提供服务时要注重礼节和泡茶规范。

（1）跪坐

日本人称之为“正坐”，即双膝跪于坐垫上，双脚背相搭着地，臀部坐在双脚上，腰挺直，双肩放松，向下微收，舌抵上颚，双手搭放于前，女性左手在下，男性反之。

（2）盘腿坐

男性除正坐外，可以盘腿坐，将双腿向内屈伸盘起，双手分搭于两膝。其他姿势同跪坐。

（3）单腿跪蹲

右膝与着地的脚成直角相屈，右膝盖着地，脚尖点地，其余姿势同跪坐。客人坐的桌椅较矮或跪坐、盘腿坐时，主人奉茶则用此姿势。也可视桌椅的高度，采用单腿半蹲式，即左脚向前跨一步，膝微屈，右膝屈于左脚小腿肚上。

2. 印度、尼泊尔

印度人和尼泊尔人习惯用双手合十表示致意，因此作为茶艺接待人，可以采用此礼来欢迎。印度人在吃饭或者敬茶时用右手，不可用左手也不能用双手，作为泡茶人一定要特别注意。

3. 英　国

英国人喜欢喝红茶，并且需要加牛奶、冰糖或者柠檬片，在泡茶时也要特别注意，适当地添加白砂糖来满足客人的要求。

4. 俄罗斯

俄罗斯也喜欢喝红茶，他们在品茶时一定要吃一些点心，所以除了要适当地准备白砂糖，还要推荐一些甜味的点心。

5. 摩洛哥

摩洛哥人特别喜欢喝茶，加白砂糖的绿茶是摩洛哥人社交活动中一款必备的饮料，所以白砂糖的准备是必不可少的。

6. 美　国

很多美国人也喜欢喝加糖或者牛奶的红茶，所以在泡茶时一定要注意这些细节，尽可能地满足客人的需求。

7. 土耳其

土耳其人喜欢喝红茶，泡茶时遵照他们的习惯准备一些白砂糖，根据需求加入茶汤中品饮。

8. 巴基斯坦

巴基斯坦人饮食以牛羊肉和乳制品为主，为了消食解腻，饮茶成了他们生活的必需品。巴基斯坦人饮茶风俗带有英国饮茶的特色，偏爱牛奶红茶，所以在泡茶时可以适当地提供白砂糖。

二、我国少数民族的茶艺接待礼仪

藏族主要分布在我国西藏，在云南、四川、青海、甘肃等省的部分地区也有居住。这些地方空气稀薄，高寒干旱，当地藏族以奶、肉、糌粑为主食。“其腥肉之食，非茶不消；青稞之热，非茶不解。”酥油茶是在茶汤中加入酥油等佐料，再经过特殊方法加工而成的一种茶汤，是补充营养的主要来源。

回族主要分布在我国的大西北，以宁夏、青海、甘肃三省（区）最为集中。回族的刮碗子茶用的多为普通炒青绿茶。冲泡茶时，茶碗中除放茶外，还放有冰糖与多种干果，诸如苹果干、葡萄干、柿饼、桃干、红枣、桂圆干、枸杞子等，有的还要加上白菊花、芝麻之类，通常多达八种，故也有人称其为“八宝茶”。

蒙古族主要居住在内蒙古及其周边的一些省(区)，喝咸奶茶是蒙古族的传统饮茶习俗。在牧区，他们习惯于“一日三餐茶”，却往往是“一日一顿饭”。通常一家人只在晚上放牧回家才正式用餐一次，但早、中、晚三次喝咸奶茶一般是不可缺少的。

蒙古族咸奶茶

居住在云南、贵州、湖南、广西等地的侗族、瑶族等民族相互之间虽习俗有别，但都喜欢喝油茶。因此，凡喜庆佳节或亲朋贵客进门，他们总喜欢用做法讲究、佐料精选的油茶款待客人。做油茶一般经过四道程序：选茶、选料（通常有花生米、玉米花、黄豆、芝麻、糯粑、笋干等）、煮茶以及配茶（庆典或宴请用，将事先准备好的食料，先行炒熟，取出放入茶碗中备好。然后将油炒、煮而成的茶汤，捞出茶渣，趁热倒入备有食料的茶碗中供客人饮用）。

打油茶

在四川、贵州、湖南、湖北四省交界的武陵山区一带，古木参天，绿树成荫，有“芳草鲜美，落英缤纷”之誉，历史上一直是我国优质茶和许多名茶的重要产地。喝擂茶已融入了当地土家族的日常生活。当地流传着这样一首民谣：“走东家，串西家，喝擂茶，打哈哈，来来往往结亲家”。喝擂茶有“三碗不下席，六碗不出源”的规矩，每人至少要喝三碗，喝三碗为尊重主人，喝四碗为四季顺心，喝五碗为五谷丰登，喝六碗为风调雨顺，喝八碗为大吉大利。

擂茶

白族散居在我国西南地区，主要分布在风光秀丽的云南大理。大凡在逢年过节、生辰寿诞、男婚女嫁、拜师学艺等喜庆日子或亲朋宾客来访之际，白族同胞都会以“一苦、二甜、三回味”的三道茶款待。

云南西双版纳地区景洪一带基诺族喜欢凉拌茶和煮茶。凉拌茶是以现采的茶树鲜嫩新叶为主料，再配以黄果叶、辣椒、食盐等佐料而成；煮茶是将煮沸的茶汤注入竹筒，供人饮用。竹筒，基诺族既用它当盛具，又用它作饮具。

甘肃六盘山区一带的彝族同胞有喝罐罐茶的嗜好，以喝清茶为主。少数也有用油炒或在茶中加花椒、核桃仁、食盐之类的。由于茶的用量大，煮的时间长，所以茶的浓度很高。

生活在新疆天山以北的哈萨克族、维吾尔族、回族等民族通常用铝锅或铜壶煮奶茶，喝茶用大茶碗。

在广西与湖南、广东、贵州、云南等地山区居住的瑶族喜欢喝一种类似菜肴的咸油茶，他们认为喝香中透鲜、咸里显爽的咸油茶可以充饥健身、祛湿邪、开胃生津，还能预防感冒。主料茶叶，配料有大豆、花生米、糯粑、米花之类，制作讲究的还配有炸鸡块、爆虾子、炒猪肝等，另外还备有食油、盐、姜、葱等调料。

傣族世代生活在我国云南的南部和西南部地区，以西双版纳最为集中。竹筒香茶是傣族别具风味的一种茶饮料。

生活在云南西北部的纳西族喜欢用开水把茶叶在瓦罐里熬得浓浓的，而后把茶水冲放到事先装有酒的杯子里与酒调和，有时还加上一点辣子，当地人称之为“龙虎斗茶”。喝一杯龙虎斗茶以后，全身都会热乎乎的。睡前喝一杯，醒来也会精神抖擞，浑身有力。

查阅资料，说一说你还知道哪些地方的茶艺接待礼仪。

不同地域的茶艺接待礼仪

项目九　茶具介绍

学习目标

- 知道不同茶具的功能与特性。

技能目标

- 能够识别不同的茶具。
- 能根据合适的场合选择适宜的茶具。

素质培养目标

- 提升个人素质修养，传承中国茶文化，提高茶学意识。

任务一　茶中真味——茶具

“水为茶之母，器为茶之父”，可知茶具对泡茶、饮茶的重要性。《易经》有云：“形而上者谓之道，形而下者谓之器。”古人亦有云：“工欲善其事，必先利其器。”自古以来，人们讲究饮茶之道，也注重饮茶所需器具，饮好茶，离不开好的茶器。

茶器包罗甚广，煮水、泡茶、品茶都离不开器皿的使用。材质从金、银、铜、铁、锡到陶瓷、琉璃、玻璃，不一而足。历代茶事是一场场文人荟萃市井的娱乐，也是一轮轮茶器的纯熟与创新。时至今日，茶器的材质、形制日趋多样化、个性化，习茶所选器具均应为日常生活中泡茶、饮茶的器具，包括主要泡茶器具，如煮水器、泡茶器、盛汤器和辅助器（用）具，以简单、洁净、合适、实用兼顾素雅美观为宜。

一、煮水器

煮水器是指用来烧水的器皿，通常用煮水炉（热源）和煮水壶两部分组成。煮水器有不同的材质、色泽与外形，选配时，应与其他茶具的色泽、质地、器形线条等相搭配。

煮水器

1. 煮水炉

最常用的煮水炉有电炉（电陶炉、电热炉）、酒精炉、炭炉等。电炉适用于有电源的环境，酒精炉和炭炉适用于户外或特殊的茶艺修习。

煮水炉

2. 煮水壶

煮水壶即水壶，主要材质有金属、陶、瓷、玻璃等。

煮水壶

3. 执　壶

执壶是将水注入煮水器内加热，或将开水注入壶（杯）中的器皿，是调节冲泡水温的用具。水注形状似壶，口较一般壶小，而流特别细长。

执壶

二、泡茶器

泡茶器是指用来泡茶的各种器具，种类丰富，常见的有壶、杯、碗、盖碗等。主要材质有陶、瓷、玻璃等。

泡茶器

1. 茶　壶

茶壶是日常生活中常用的泡茶器具。壶的容器有大小，小壶适于独自酌饮，多人品茶时用大壶泡茶，然后分到品茗杯中品饮。壶由壶身、壶底组成。壶盖有孔、钮、座、盖等细部。壶身有口、流、肩、腹、把等细部。

茶壶

2. 盖　碗

盖碗由盖、碗、托 3 部分组成，又称“三才碗”“三才杯”，盖为天，托为地，碗为人，暗含天、地、人和之意。

盖碗

3. 茶碗（盏）

茶碗可用来泡茶，也可以用来点茶。茶碗根据碗体形状不同可分为两种，一种为常见的圆柱形碗，另一种为圆锥形碗（斗笠形），常称为茶盏。

茶碗（盏）

4. 玻璃杯

玻璃杯可泡茶，品茶，常用的为直筒形厚底玻璃杯，其容量为 120 ~ 200 毫升。玻璃杯材质通透，便于观赏茶汤色泽和芽叶形态。

玻璃杯

三、盛汤器

盛汤器是盛放从泡茶器中分离出来的茶汤的器具，包括茶盅（公道杯）和品茗杯两种。

1. 茶　盅

茶盅又名公道杯，分有柄、无柄两种，具有均匀茶汤浓度的功能，可作为分汤器具，主要材质有瓷、紫砂、玻璃、银等。

茶盅

2. 品茗杯

品茗杯又名饮用杯、分小杯（70 毫升以下）和大杯（70 ~ 150 毫升）。小品茗杯用来品饮茶汤，主要材质为陶、瓷、玻璃等，大杯如玻璃杯可直接泡茶饮用。

品茗杯

四、茶　巾

茶巾用以擦洗、抹拭茶具，为棉织物，主要用于擦拭溅出的水滴，或吸干壶底、杯底之残水，或用于托垫壶底。

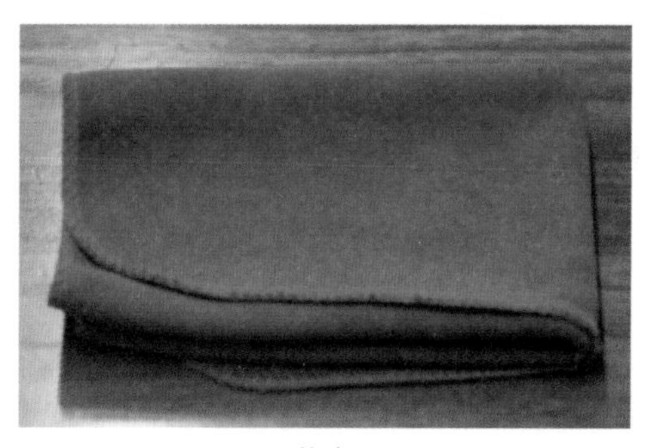

茶巾

五、桌　布

桌布铺在桌面上，并向四周下垂，作为茶席的铺垫。其材质为各种纤维织物。

桌面

六、泡茶盘

泡茶盘用以盛放茶杯、茶碗、茶具等，作为泡茶台面。茶盘分单层茶盘、双层茶盘两种，双层茶盘下层用于贮水。

泡茶盘

七、奉茶盘

奉茶盘用以放置盛有茶汤的茶杯，端奉给品茶者。通常为长方形、圆形。

奉茶盘

八、茶叶罐

茶叶罐是贮茶容器，用于盛放茶叶，放在茶桌上的一般体积较小，可以装 50 克以内的干茶。

茶叶罐

九、茶　荷

茶荷古时称茶则，是测茶量的器皿，现茶荷多用木、竹、玻璃、银、铜等制成。茶荷还可以用于观看干茶样和置茶分样用。

茶荷

十、茶道六君子

茶道六君子：茶则、茶针、茶漏、茶夹、茶匙、茶筒。

茶道六君子

十一、壶　承

壶承用以放置茶壶、茶碗、盖碗等泡茶器具，既可增加美感和方便操作，又可防止茶壶烫伤桌面。

壶承

十二、杯　托

杯托用以搁置茶杯，一般为玻璃、紫砂、竹木等材质。

杯托

十三、茶　筅

茶筅是点茶时使用的竹制用具。

茶筅

十四、水　盂

水盂是盛放弃水、茶渣等物的器皿，亦称“盂”“方”。

水盂

识别各类茶具，并说明各类茶具的用途。

茶中真味——茶具

项目十　绿茶茶艺仪容仪态修习

学习目标

- 知道茶艺仪容仪态的要求。
- 知道男女仪容仪态的区别。

技能目标

- 能够进行仪容仪态的展示。
- 根据要求能够选择合适的仪容仪态。

素质培养目标

- 通过学习茶艺服务的基本礼仪，可以提升个人素质修养，和谐人际关系，传承中国茶文化传统。

任务一　绿茶茶艺仪容仪态修习

茶艺师应该具有较高的文化修养、得体的行为举止，熟悉和掌握茶文化知识以及泡茶技能，做到“神、情、技”三者合一。

仪容通常是指人的发式、服饰、肌肤和表情的总和。习茶者仪容的基本要求是整洁、干净、端庄、简约、素雅。有的人天生丽质，拥有容貌的自然美；有人经过适度的修饰，扬长避短，拥有容貌的修饰美。而真正意义上的仪容美是容貌美与内心美的高度一致。

仪态是指习茶者的举止、姿态。习茶之人，要站如松、行如风、坐如钟，大方、得体、稳重、自然，体现习茶者的精、气、神。

一、仪　容

1. 服　饰

衣服除了有御寒遮体的功能之外，还可以展示人的志向、修养和气质。习茶者穿戴要紧凑得体，不能过于暴露。裙长盖过膝盖，不穿无袖、低胸、太宽松的衣服，不穿拖鞋，脚趾不外露。一位有良好修养的习茶者，一定会体态端正，服饰整洁，表情诚敬，言辞文雅。这既是内在修养的表露，也是对他人的尊敬。

2. 发　式

发式整洁。女士长发者，宜将长发盘起或编成辫子，刘海不宜留太长太多，脸要露出。男士宜短发，不留胡须。

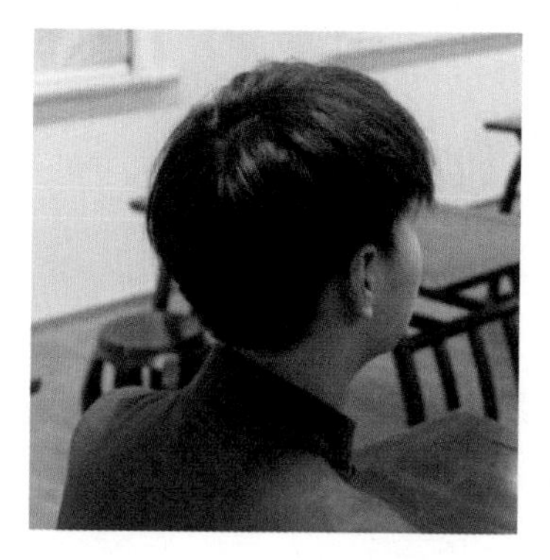

男女发式示意

3. 表　情

表情是一个人内心情感在面部的表达。人的表情要与各种场合所呈现的气氛相适应，或庄严，或喜庆，或悲伤，或平静。习茶者应注意，内心的情感表露需有一定控制，表情不应有大起落，需有分寸。面部表情应安详、平和、放松。

男女表情示意

4. 双　手

双手不留长指甲，指甲修平，手腕、手指上不戴饰品，以防划伤器具。

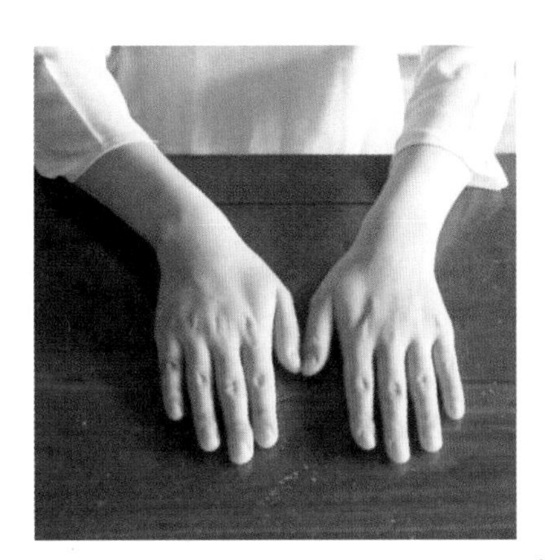
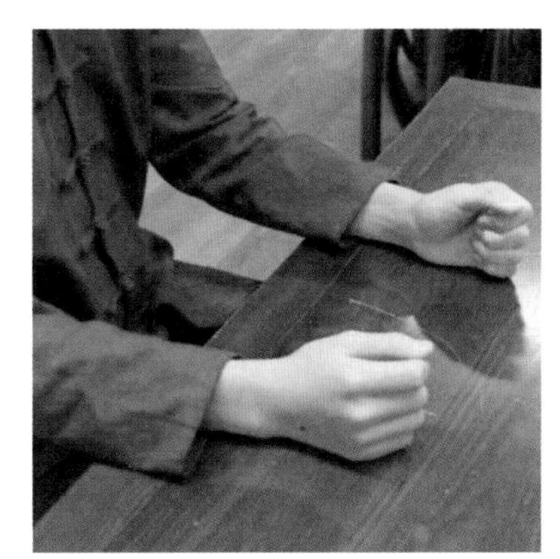

双手示意

二、仪　态

对习茶者仪态的总体要求如下：

（1）头部不可偏侧，身躯宜中正不偏。

（2）两臂关节均需放松特别是腕关节。

（3）双肩平衡，肘关节下垂、不外翻。

（4）目光平视、平和，表情安详。

（5）气沉丹田，气息绵长、均匀。

1. 女士站姿

身体中正，挺胸收腹，目光平视，下巴微收，表情放松安详。双肩平衡放松，手臂自然下垂。双手自然放松，手指并拢微弯曲，在腹前虎口交叉，右手上，左手下，离腹部半拳距离。腰以上领直，腰以下松沉，双脚脚跟并拢，脚尖自然分开。脚跟、臀部、后脑勺在一条直线上。

女士站姿

2. 男士站姿

身体中正，挺胸收腹，目光平视，下巴微收，表情放松安详；双肩平衡放松，手臂自然下垂，双手自然放松。第一种方法：手指并拢在腹前虎口交叉，左手上，右手下，离腹部半拳距离。第二种方法：双手五指并拢中指对裤腿中缝，腰以下松沉，双脚脚跟并拢，脚尖自然分开。脚跟、臀部、后脑勺在一条直线上。男士一般采取第二种方法。

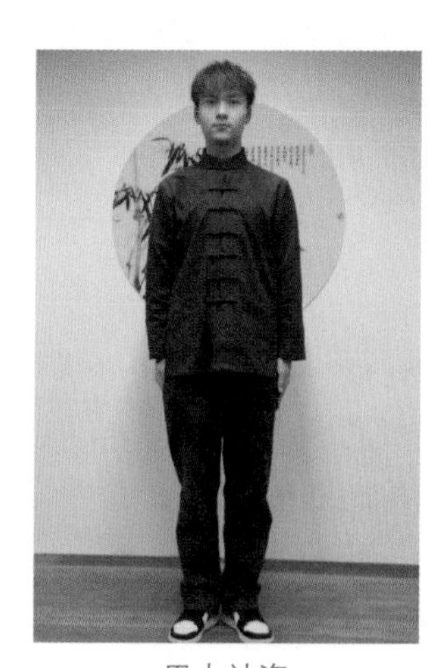

男士站姿

3. 左侧入座

（1）站于凳子的左侧，脚尖与凳子的前缘平齐。

（2）左脚向正前方一小步，切勿大跨步，右脚跟上，与右脚并拢。

（3）右脚向右一步，用余光给左脚定位。

（4）左脚跟上，与右脚并拢，身体移至凳子正前方。

（5）双手五指并拢成弧形，掌心向内，女士捋一下后背的衣裙，边捋边坐下（男士直接坐下）。

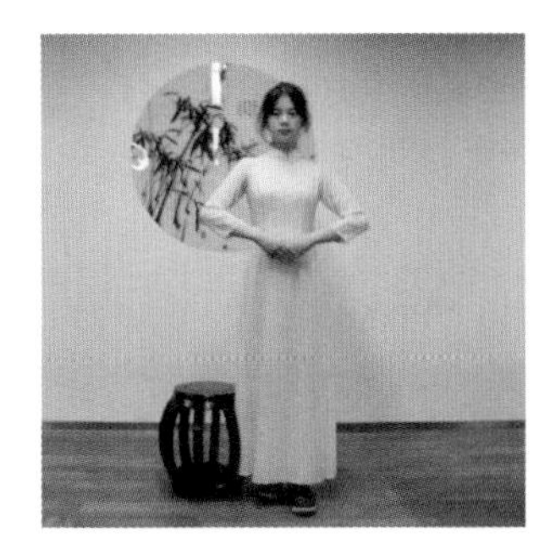

女士左侧入座动作分解

4. 右侧入座

（1）站于凳子的右侧，脚尖与凳子的前缘平齐。

（2）右脚向正前方一小步，切勿大跨步，左脚跟上，与右脚并拢。

（3）左脚向左一步，用余光给左脚定位，重心移至左脚上。

（4）右脚跟上，与左脚并拢，身体移至凳子正前方。

（5）双手五指并拢成弧形，掌心向内，女士捋一下后背的衣裙，边捋边坐下拢（男士直接坐下）。

入座要求：女士右手上、左手下放大腿根部。男士双手轻搁于桌面上或五指并拢平放于大腿上，后背挺直，臀部外边缘坐在凳子 1/2 至 2/3 处。

女士右侧入座动作分解

5. 男士端盘左侧入座

（1）双手端盘，身体站于桌后凳子左侧，身体中正，挺胸收腹，目光平视。
（2）左脚向前一小步，切勿大跨步。
（3）右脚跟上，与左脚并拢。
（4）右脚向右一步，用余光给右脚定位。
（5）左脚跟上，与右脚并拢，身体移至凳子正前方。
（6）坐下，同时放下茶盘。
（7）双手收回，平放于大腿上或半握拳于桌面上。
（8）行注目礼。

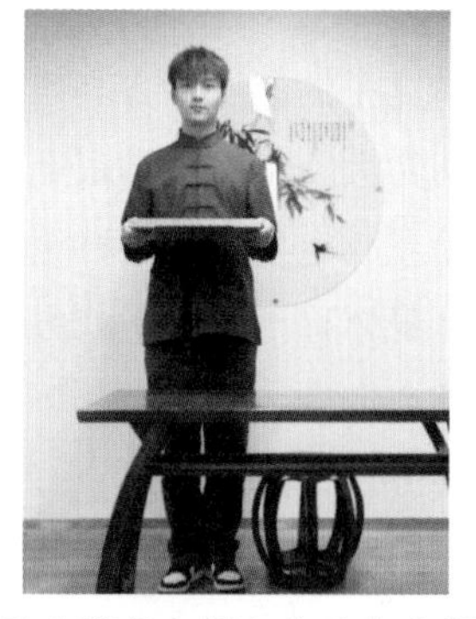

男士端盘左侧入座动作分解

6. 女士端盘入座

1）左侧入座

（1）双手端盘，右脚开步，走进泡茶桌，站立于凳子边缘。

（2）向左转身，面对品茗者，脚尖与凳子前缘平。

（3）左脚在右脚前交叉，右脚顶住左膝窝，身体重心下移。

（4）双手向右推出茶盘，轻轻放于泡茶桌上。

（5）双手、左脚收回，成站姿，左侧入座。

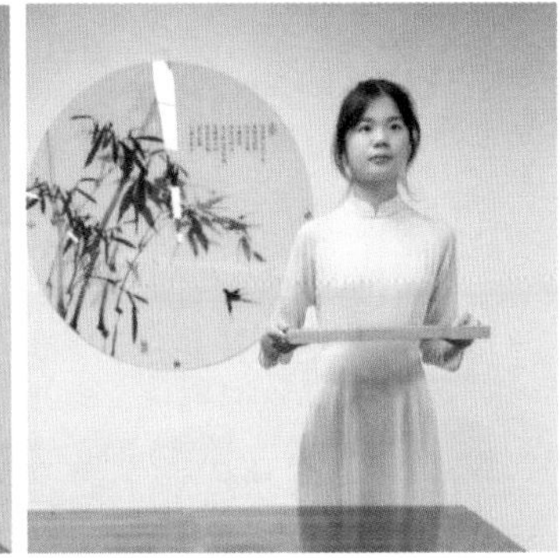

女士端盘左侧入座动作分解

2）右侧入座

（1）双手端盘，右脚开步，走进泡茶桌，站立于凳子边缘。

（2）向右转身，面对品茗者，脚尖与凳子前缘平。

（3）右脚在左脚前交叉，左脚顶住右膝窝，身体重心下移。

（4）双手向左推出茶盘，轻轻放于泡茶桌上。

（5）双手、右脚收回，成站姿，右侧入座。

女士端盘右侧入座动作分解

7. 女士坐姿

上身姿态如站姿，双臂自然下垂，两手虎口交叉，右手上、左手下或双手五指并拢放于左、右腿的根部，臀部外边缘处于凳子 1/2 到 2/3 处，双膝并拢，双脚自然并拢或前后分开至舒适的位置。

女士坐姿

8. **男士坐姿**

双脚略分开，与肩同宽，脚尖朝前。双手半握拳，与肩同宽或略比肩宽，轻搁于桌面上或五指并拢平放于大腿上，后背挺直，臀外部边缘坐在凳子 2/3 处。

男士坐姿

9. **起身—左出**

坐姿起立，左脚向左一步，右脚跟上，两脚并拢。左脚向后退一小步，右脚跟上，两脚并拢，立于原入座前的位置。

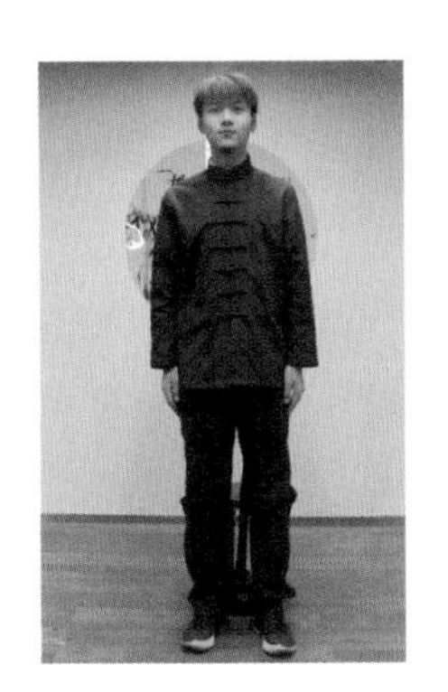

起身左出动作分解

10. **起身 — 右出**

坐姿起立，右脚向右一步，左脚跟上，两脚并拢。左脚向后退一小步，右脚跟上，两脚并拢。

起身右出动作分解

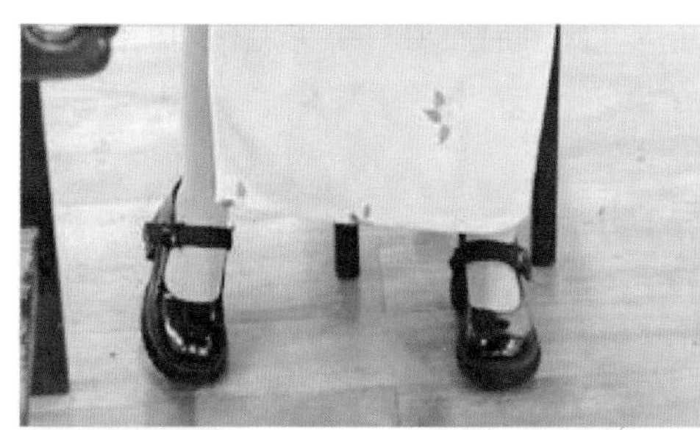
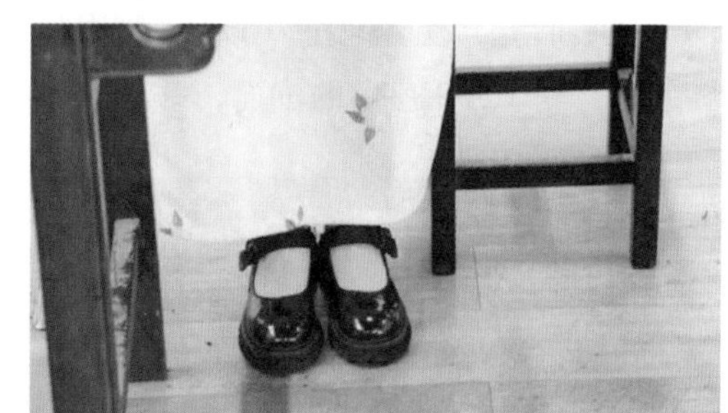
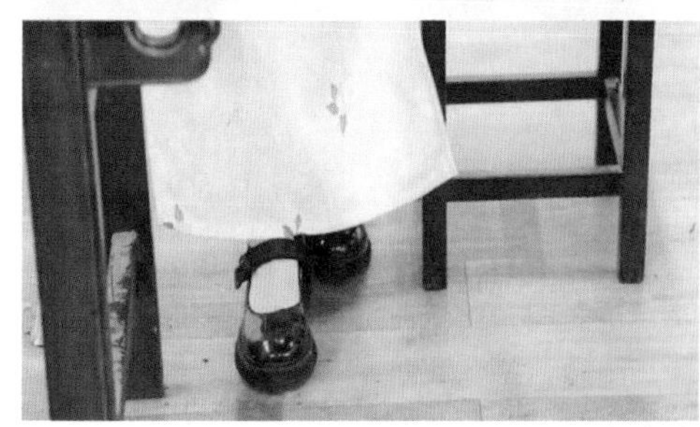
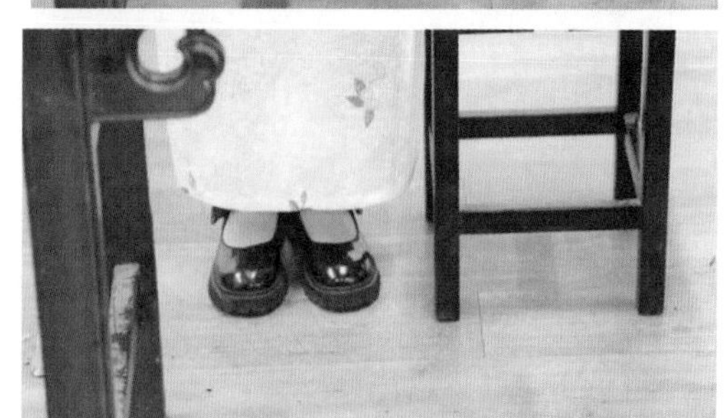

起身右出脚步细化动作分解

11. 女士行姿

双手虎口交叉于腹前，右手上，左手下，右脚开步，行走的步幅小，频率快，上身正，不摇摆，给人以“轻盈”之感。

女士行姿

12. 男士行姿

成站姿，右脚开步，步幅适当，频率快，双手小幅度前后摆动，上身正，不摇摆，给人以“雄健”之感。

男士行姿

13. 向左转

站姿，以左脚跟为中心，左脚左转 90°，身体转 90°，右脚跟上，与左脚并拢。

14. 向右转

站姿，以右脚跟为中心，右脚右转 90°，身体转 90°，左脚跟上，与右脚并拢。

向右转动作分解

15. 向右蹲

上身中正挺直，膝关节弯曲，身体重心下移。右脚在前，左脚在后不动，脚尖朝前。右脚与左脚成 45°，左膝盖顶住右膝窝。

16. 向左蹲

上身中正挺直，膝关节弯曲，重心下移，左脚在前，右脚在后不动，脚尖朝前。左脚与右脚成 45°，右膝盖顶住左膝窝。

女士蹲姿

17. 鞠躬礼

1）男士站式鞠躬礼

双脚并拢，双手中指贴裤中缝，成站姿，上半身前倾 15°，稍作停顿，恢复站姿。前倾 15° 为平辈之间行礼。若是向长辈行礼，则前倾 30°。

男士站式鞠躬礼

2）男士坐式鞠躬礼

坐姿，以腰为中心，上身向前倾 10°。

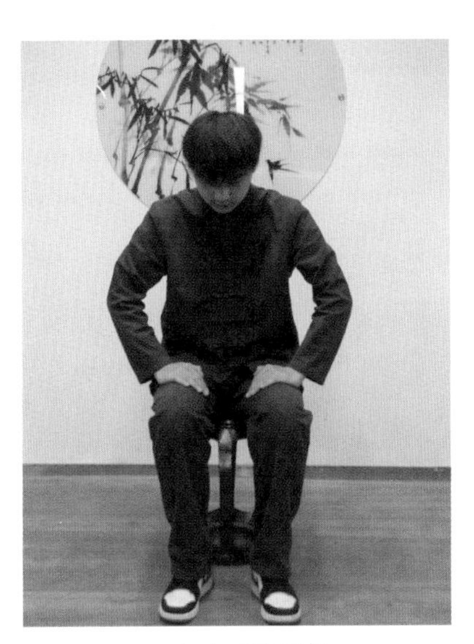

男士坐式鞠躬礼

3）女士站式鞠躬礼

成站姿，双手松开，贴着身体向下移至大腿根部。手带着上半身前倾 15°，稍作停顿。身体缓缓站直，带着手回复到站姿。

前倾 15° 为平辈之间行礼。若是向长辈行礼，手紧贴大腿，移至大腿中部，身体前倾 30°。

女士站式鞠躬礼动作分解

18. 揖拜礼（一般男士适用）

双脚略分开，右手握拳，左手包于外。双臂成弧形向外推，身体略向前倾。

揖拜礼

19. 奉茶礼

（1）奉前礼：正面对品茗者，双手端茶盘，行鞠躬礼。

注：茶盘与身体的距离不变，随身体重心下移略下移。

（2）奉中礼：女士蹲姿奉茶（男士弯腰奉茶），伸出右手，五指并拢，手掌与杯身成45°，示意“请用茶”。

（3）奉后礼：奉茶毕，左脚后退一步，右脚跟上与左脚并拢，再行鞠躬礼，示意“请慢用”。

女士奉茶礼动作分解

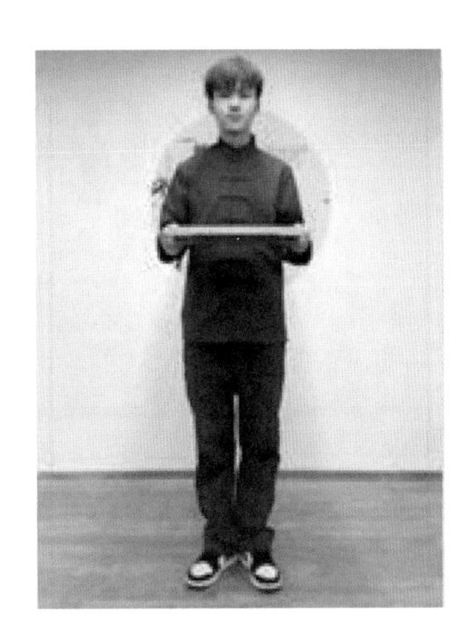

男士奉茶礼动作分解

20. 注目礼

布具完成后至泡茶前，习茶者正面对着品茗者，成坐姿，略带微笑，平静、安详，注视品茗者，意为“我准备好了，将用心为您泡一杯香茗。请您耐心等待”。

注目礼

21. 回　礼

奉茶者行礼时，品茗者应欠一下身体，或点一下头，或说一声“谢谢”，或用右手食指和中指弯曲，用指节间轻扣桌面，代表“叩首”之意。

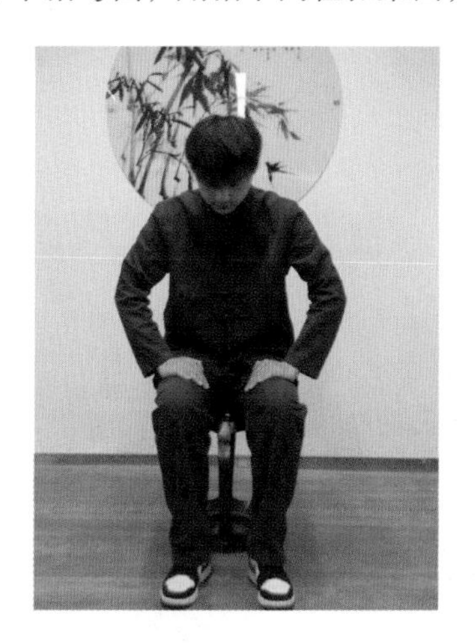

回礼

学习茶艺修习动作，拍摄相关修习视频上传云平台。

仪容仪态修习

项目十一　绿茶行茶基础动作修习

学习目标

- 知道行茶的基础动作。
- 知道不同茶具的行茶动作的区别。

技能目标

- 学会不同的行茶基础动作。
- 能根据茶具选择合适的行茶动作。

素质培养目标

- 通过学习茶艺服务的基本礼仪，提升个人素质修养，和谐人际关系，传承中国茶文化传统。

任务一　叠茶巾

我们日常喝茶时，除了茶壶、茶杯、盖碗等必不可少的茶具，还有一件非常重要的东西也不容忽略，那就是茶巾。茶巾也是泡茶过程中需要注重的细节，在给客人泡茶时，茶巾的使用尤为重要，因为它代表着对客人的真诚和尊重。

一、什么是茶巾

“巾，以拖布为之。长二尺，作二枚，互用之，以洁诸器。”这是陆羽在《茶经》中对茶巾的定义。拖，一种粗绸，后来逐渐演变，今天多是选用素净的棉、麻材质等作茶巾，棉麻细布的茶巾吸水好，是为上选。

二、茶巾的选购

茶巾应选择深色的为好，浅色的在使用中会留下茶渍，既不美观，又会给客人不卫生的错觉。

茶巾应选择吸水性强又不易掉毛的，防止擦拭后茶具上留有绒毛。

茶巾

三、茶巾的作用

茶巾是用来擦拭茶具外面或底部茶渍、水渍的。使用茶巾擦拭壶底、杯底、公道杯底等茶具，可防止器具从茶盘上带起的水在出汤、斟茶时滑入茶汤，令饮茶人产生不洁之感。

四、茶巾的用法

（1）一般将干的茶巾放于客人面前的桌上，便于客人擦拭桌上或杯底的水迹。

（2）半湿的茶巾应放在主人手边，用来擦拭茶桌或茶具中溢出的水渍。

（3）全湿的茶巾一般用来擦拭清洁过后的茶具。

（4）茶巾易附着灰尘，应避免将茶巾附着在茶具之上，以免在揭去茶巾时将不洁之物落入杯中。

（5）禁止使用茶巾擦拭油腻污垢，否则擦拭完后将严重影响茶具外观，尤其紫砂茶具。

（6）茶巾不宜暴晒，以免茶巾变硬。

五、茶巾的叠法

1. 第一种叠法

四叠法：茶巾从下向上折，成四分之一后，从上向下折，上边与中线齐，成四分之一折。以中线为轴再对折，弧形一边对品茗者，有缝一边对习茶者。

四叠法

2. 第二种叠法

八叠法：茶巾从下向上折，成四分之一后，对中进行折叠。长端向中线再次对折成四分之一。以第二次对折的中线为轴，再对折即可。弧形一边品茗者，有缝一边对习茶者。

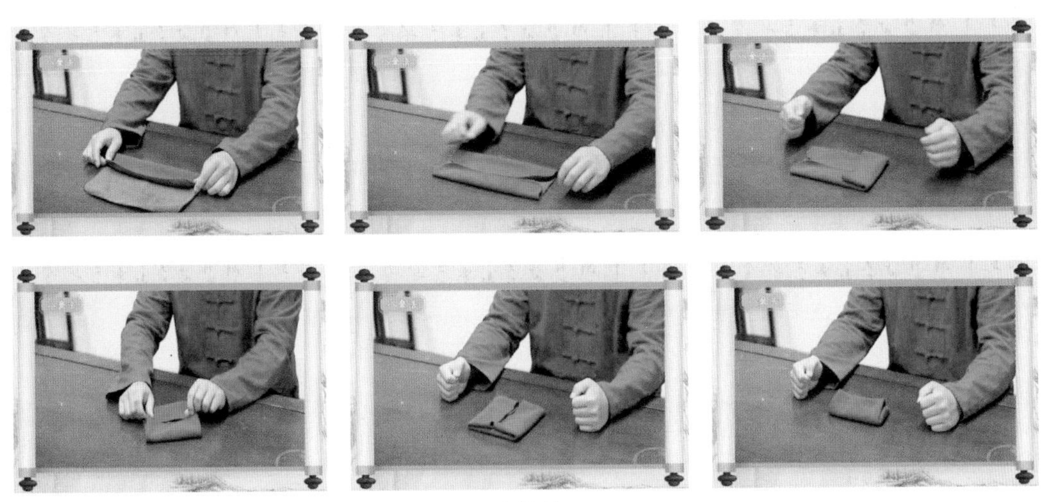

八叠法

3. 第三种叠法

九叠法：像叠被子的第一步一样，叠成一长条的茶巾，再次分为三等份，内折即可，但需要注意的是，在摆放时，要将没有缝隙的完整一面朝向品茗者，另一边朝向习茶者。

九叠法

叠茶巾

任务二　布　具

把洗净、擦干的茶具摆放在茶盘中，称为备具；把茶盘中的茶具布置到席面上，称为布具。每一件器具在茶盘中和席面上都有固定的位置，那是它们的“家”。

一、备　具

3个玻璃杯倒扣在杯托上，放于茶盘右上至左下的对角线上。水壶放在右下角，水盂放在左上角，茶叶罐放于中间玻璃杯的前面，茶荷叠放在受污（茶巾）上，放于中间玻璃杯的后面。

绿茶备具示意

二、布　具

从右至左布置茶具。

（1）移水壶，右手握提梁，左手虚护壶身，表示恭敬，从里至外沿弧线放于茶盘右侧中间。

（2）移茶荷，双手手心朝下，虎口成弧形，手心为空。握茶荷，从中间移至右侧放于茶盘后。

（3）移受污，双手手心朝上，虎口成弧形，手心为空，托受污，从中间移至左侧，放于茶盘后。

（4）移茶罐，双手捧茶罐，从两杯缝间，沿弧线移至茶盘左侧前端，左手向前推，右手为虚。

布具动作分解 1

（5）移水盂，双手捧水盂，从两杯缝间，沿弧线移至茶盘左侧，放于茶罐后，与茶罐成一条斜线。

（6）翻杯，右上角杯为第一个，然后翻第二个杯，再翻第三个杯。

（7）布具完毕，三个玻璃杯在茶盘对角线上，受污与茶荷放于茶盘后，以不超过茶盘左右长度为界限，茶叶罐与水盂在左侧，在茶盘的宽度范围内，水壶置于茶盘右侧中间。

布具动作分解 2

布具完成

布具

任务三　翻　杯

一、翻玻璃杯

（1）右手五指并拢，护住杯身，左手托住杯底。

右手中指不超过杯身的1/2，肘关节下坠，不外翻，身体正中，头不偏，双肩放松，平衡。

（2）右手手腕向左转动，顺势翻正茶杯，放回。

女士翻玻璃杯动作分解

二、女士翻品茗杯

右手单手持杯，虎口成弧形，右手手腕转动，翻杯。

女士在翻品茗杯时，为体现动作优雅，可左手成弧形，来挡住杯子。当右手手腕转动至杯口水平时，左手往里收至胸前。

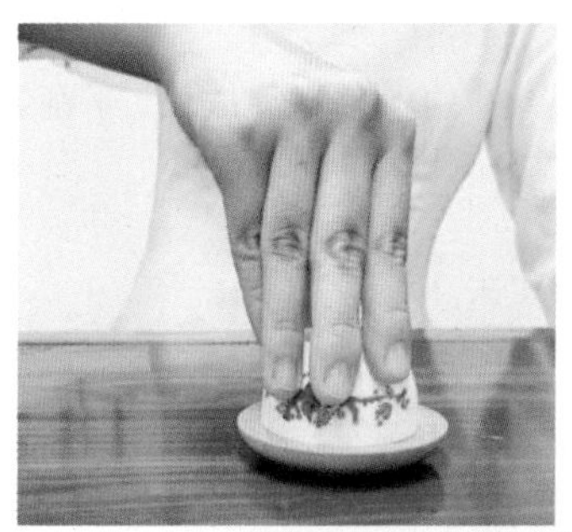

女士翻品茗杯动作分解

三、男士翻品茗杯

右手单手持杯，右手手腕转动，翻杯，放下茶杯。

手腕松弛，手指、肘关节自然下垂，不外翻。

男士翻品茗杯动作分解

翻杯

任务四　温　具

茶艺师泡茶之前，都会将茶具用沸水冲烫一遍，这个动作叫作“温杯”。平时喝茶的杯子都是清洗干净的，这个小步骤有必要重复吗？其实这个充满仪式感的动作除了给器皿消毒，还有更重要的意义。

清洗茶具时只洗去了浮尘和污渍，但像陶质、紫砂等茶具气孔率高，很容易吸收异味，仅用冷水清洗是不够的，而且清洗后的杯具表面通常残留水渍，尤其是用自来水清洗的杯子容易残留水腥味。用沸水冲洗，异味和水渍会随着热气挥散出去，避免影响茶汤味道。当着客人面温杯是出于礼貌，展示礼仪，也可使客人饮茶更舒心、放心，更体现出主人的细心、贴心。

以下为几种常用茶杯（碗）的温杯步骤。

一、玻璃杯

1. 温　杯

（1）注入沸水 1/3 杯，双手五指并拢，捧起玻璃杯。身体中正，头不偏，双肩平，放松，心静，气沉，神专注。

注：右手中指和大拇指握住玻璃杯底部，其余手指虚握成弧形。左手五指并拢，中指指尖为支撑点，顶住杯底边。

（2）右手手腕转动，杯口先向习茶者身体方向倾斜，水倾至杯口，眼睛看着杯口。

（3）右手手腕转动，杯口向右旋转，向前转，向左转，向里转，回正。眼睛不离开杯口。

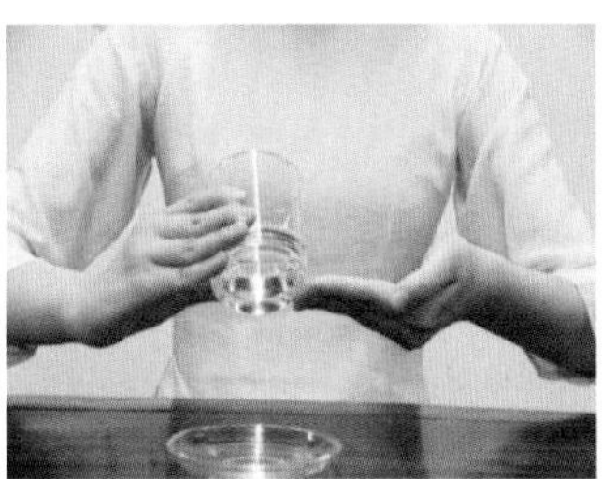
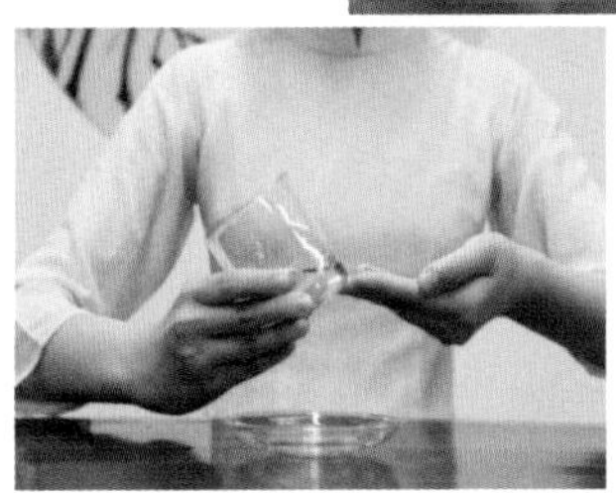

温玻璃杯动作分解

2. 右弃水

玻璃杯回正，水沿杯口转 360°，双手捧杯移至水盂上方。

（1）左手换方向，托住玻璃杯，右手手腕转动，杯口向下 45°，缓缓往外推杯，水流入水盂中。

（2）弃水毕右手手腕快速回转，收回茶杯在茶巾上压一下，放回原处。

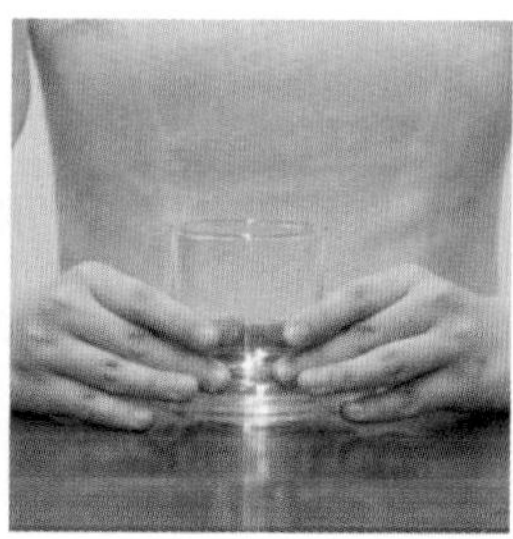

右弃水动作分解

3. 左弃水

水盂放于左手边，动作参照右弃水。

左弃水动作分解

二、盖　碗

1. 温盖碗

（1）盖碗开盖：从碗面 6 点钟位置朝右侧 3 点钟位置沿弧线移动盖子，并紧贴碗身，将盖碗插于碗身与碗托之间。

开盖时右手拇指、食指、中指持盖钮，无名指、小指自然弯曲。

（2）提水壶，注水至碗的 1/3 处，放下水壶。

手掌心须贴住壶梁，作为支撑，同时可以调整壶嘴方向。

（3）盖碗合盖：右手持碗盖，从 3 点往 12 点沿弧形移动，再往碗口处移动，盖住碗身。

合盖与开盖的移动弧线成一个圆。

（4）盖碗固定：大拇指与中指向上托住盖碗的翻边，食指压住盖碗，固定盖碗，左手五指并拢，平直。

双手持碗，身体中正，手臂自然弯曲成抱球状，双肩平，气沉，心静，目光注视着碗口。

（5）盖碗转动：双手手腕转动，碗口向里压，向右压，向前压，向左压，向里压，回正（目光注视碗口）。

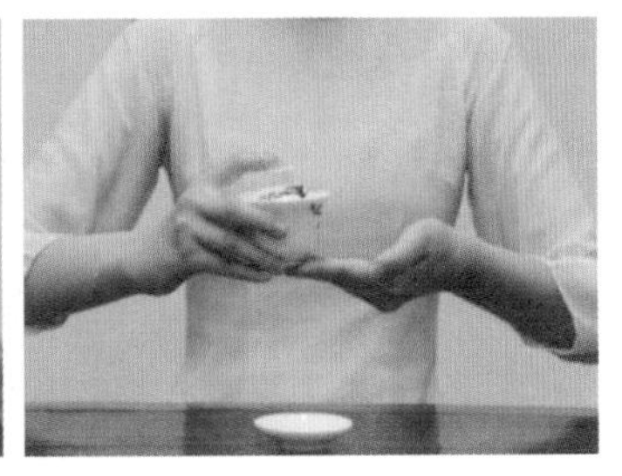

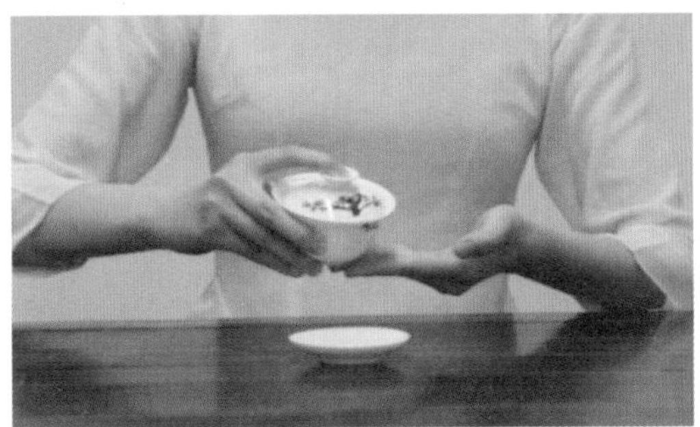

温盖碗动作分解

2. 右弃水

水沿碗口转 360°，碗回正，准备弃水。

（1）盖碗开盖：左手掌轻托碗底，右手食指与拇指持纽开盖。左边碗壁与盖沿留一条缝。

（2）盖碗弃水：左手持碗移至右侧水盂上方，右手连同手臂缓慢往上提，水流入水盂中。（肘关节下坠，手臂在一垂直平面上）

弃水毕：略停顿 2.3 秒，碗回正，沿弧线收回盖碗，在受污上压一下放回原处。

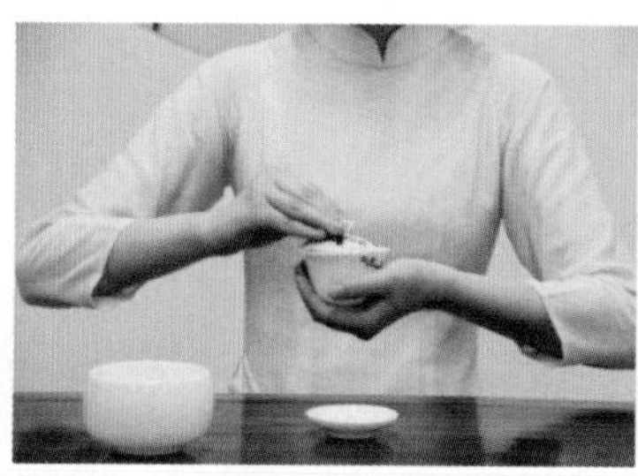

右弃水动作分解

3. 左弃水

左手掌轻托碗底，掌心为空，右手食指放下，双手持碗，移至左侧水盂上方，准备弃水。

（1）盖碗揭盖：左手松开，从碗底往上移动护盖，左手揭开碗盖，盖碗与碗口成 45°。

（2）盖碗弃水：左手持盖不动，右手持碗沿碗盖内壁逆时针弃水。

弃水毕，略停顿 2.3 秒，双手手腕转动，回正似碗口对碗盖有吸引力，在受污上压一下放回原处。

左弃水动作分解

三、茶　盅

1. 温　盅

（1）双手捧盅至胸前，左手五指并拢，中指支撑托住盅底边，右手握盅，此方法适合用于玻璃杯。若是陶制盅，则步骤为：右手握盅，左手五指并拢，掌心托住盅底进行温盅。

（2）右手手腕转动，盅口向里压，向右压，向前压，向左压，回正，目光注视盅。

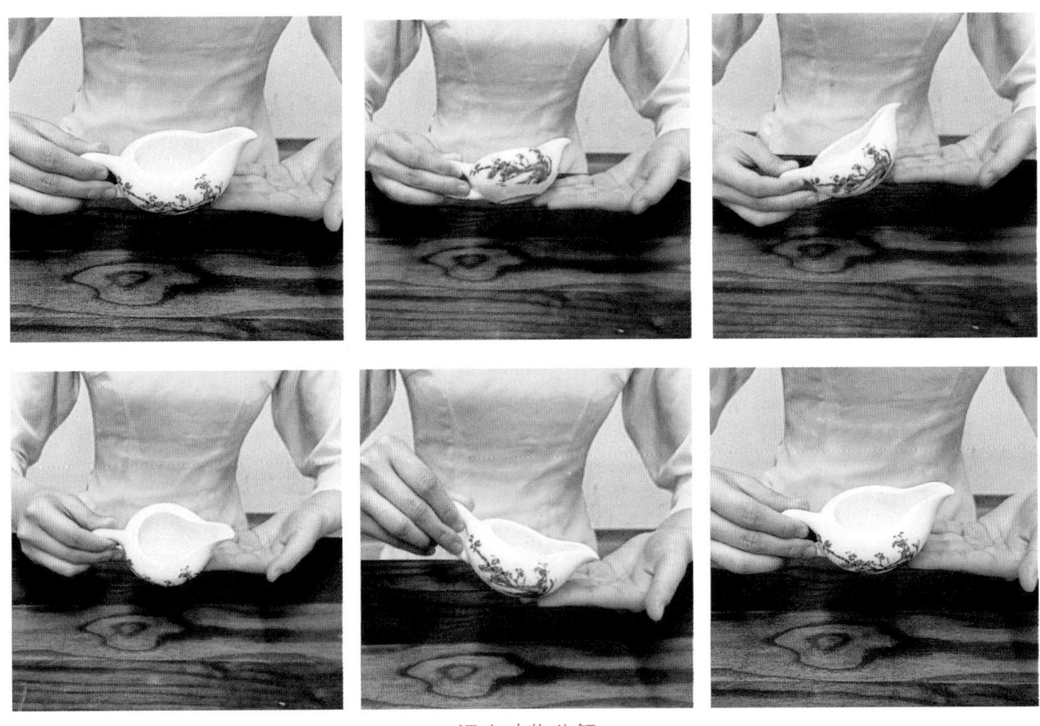

温盅动作分解

2. 右弃水

（1）右手移盅至水盂上，右手连同手臂缓慢往上提，水流入水盂中（肘关节下垂，右手臂在同一垂直平面上）。

（2）弃水毕，略停顿，盅回正，在受污上压一下，收回茶盅吸干盅底的水，放回原处。

右弃水动作分解

四、品茗杯

（一）100 毫升以上品茗杯

1. 温　杯

（1）右手握杯，左手五指并拢，掌心成斗笠状，虚托品茗杯。
右手握杯时，拇指与中指握杯，食指、小指、无名指弯曲，虚护杯。
（2）杯口先向里侧，水压到杯口，目光注视杯口。
（3）双手手腕转动，杯口转向右，向前，向左，向里，回正，目光不离开杯口。

100 毫升以上品茗杯温杯动作分解

2. 右弃水

水沿着杯口转 360°，杯回正，准备弃水。

（1）右手持杯，移至右侧水盂上方。

（2）右手连同手臂缓慢往上提，手腕、肘在同一垂直面上，水流入水盂中，肘关节下垂。

（3）杯收回，在受污上压一下，吸干碗底的水，放回原处。

100 毫升以上品茗右弃水杯动作分解

（二）70 毫升左右品茗杯

1. 温　杯

（1）右手取洁方，双手交叉，左手包于右手外。

（2）右手取品茗杯，左手持洁方。

（3）右手护杯，虎口成弧形，左手虎口夹住洁方并挡住品茗杯。

（4）杯口先向里侧转，水压杯口，目光注视杯口。

（5）右手手腕转动，杯口转向右，向前，向左，向里，回正，目光不离开杯口。

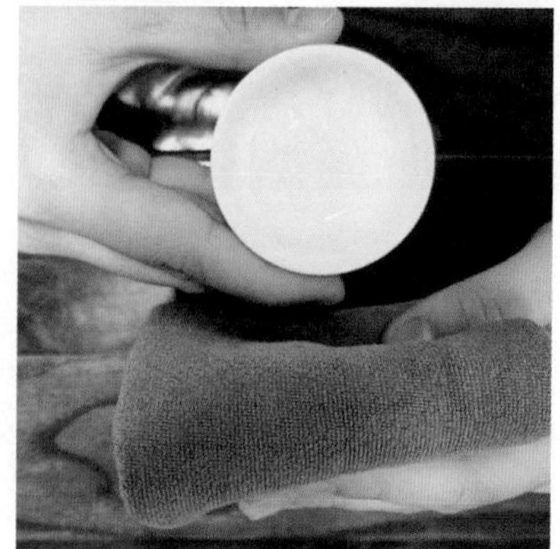

70 毫升左右品茗杯温杯动作分解

2. 弃　水

水沿着杯口转 360°，杯回正，弃水。

（1）弃水毕，略停顿，用洁方吸干杯口的水。

（2）杯回正，放回杯托上，双手捧洁方，右手包于左手外，右手放下洁方。

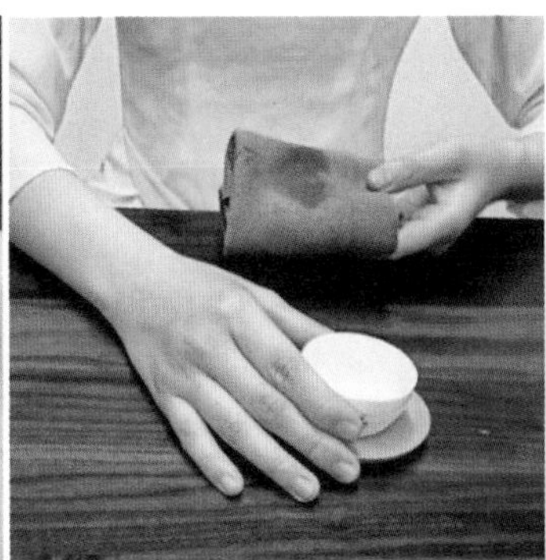
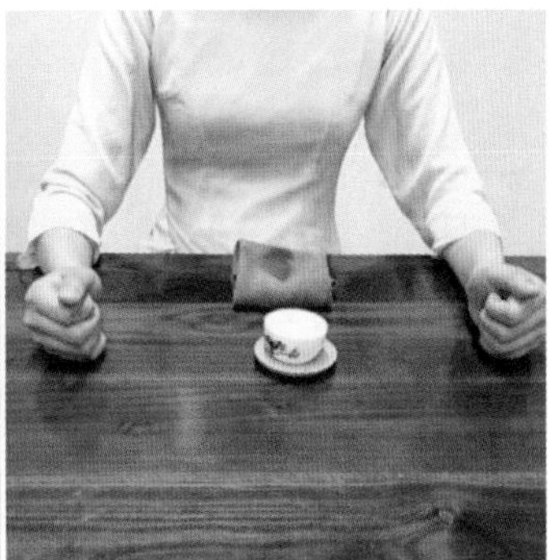

70 毫升左右品茗杯弃水动作分解

（三）70 毫升以下品茗杯

1. 温　杯

（1）杯中注入沸水，双手食指与拇指端杯，中指顶住杯底。

（2）双手拿起杯，同时放入另一个品茗杯中。

（3）大拇指往外推，让品茗杯转动一圈，取出，放于原位。

70 毫升以下品茗杯温杯动作分解

温具

任务五　取茶、赏茶

（一）玻璃、瓷罐开盖

取茶叶罐至胸前，手掌心捧茶叶罐身，双手食指与拇指固定罐盖，向上顶。转动茶叶罐，再往上顶，松开罐盖。

右手托罐盖一边收回胸前，一边用右手中指拨转盖子，沿向里的半圆弧线轨迹放在桌上。

玻璃罐开盖动作分解

细部动作分解图示如下：

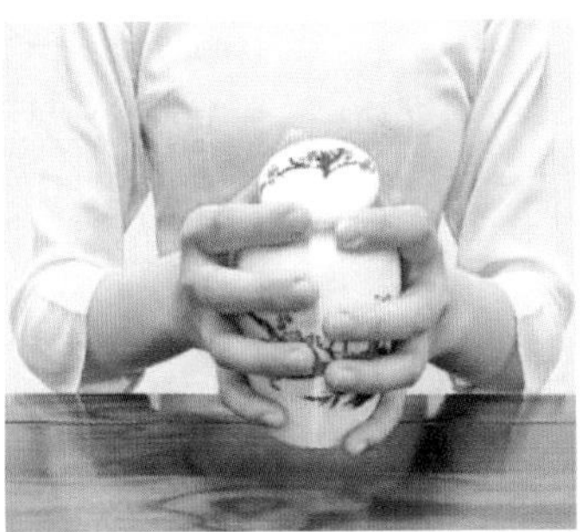

瓷罐开罐细部动作分解

（二）玻璃、瓷罐合盖

右手取罐盖，用手指拨动，使罐盖口向下，向外沿半圆弧线轨迹盖于罐上（与开盖的弧线轨迹形成一个“圆”）。双手食指与拇指固定罐盖，向下压并转动茶叶罐，盖严，避免发出声响。左手将茶叶罐放于原位。

玻璃罐合盖动作分解

细部动作分解图示如下：

瓷罐合盖细部动作分解

（三）竹罐开盖

手掌心捧茶叶罐身，双手食指与拇指固定罐盖，向上顶，转动茶叶罐，再往上顶，松开罐盖。

右手托罐盖，往胸前收，用右手中指拨动，使罐盖口向上，向内，沿半圆弧线轨迹放于桌上。

竹罐开盖动作分解

（四）竹罐合盖

左手护罐身，右手翻罐盖，盖上盖子，食指、拇指向下压，合盖放回原处。

竹罐合盖动作分解

（五）茶则取茶、置茶

1. 取　茶

（1）左手握茶罐，右手取茶则。

茶则放置方法：水平移至茶罐口，头部搁于罐口，右手掌从茶则尾部滑下，托住茶则，此时手心朝上。

（2）茶罐侧向身体，罐口向下里，在茶罐内上方留出空隙。

（3）右手持茶则，从茶罐内空隙插入。

（4）左手手腕转动，罐口向外，向右转动，让茶则中盛满茶叶。

（5）右手托茶则，取出茶叶。

注：握茶叶罐时，需手心朝下，虎口成圆形，掌心为空。

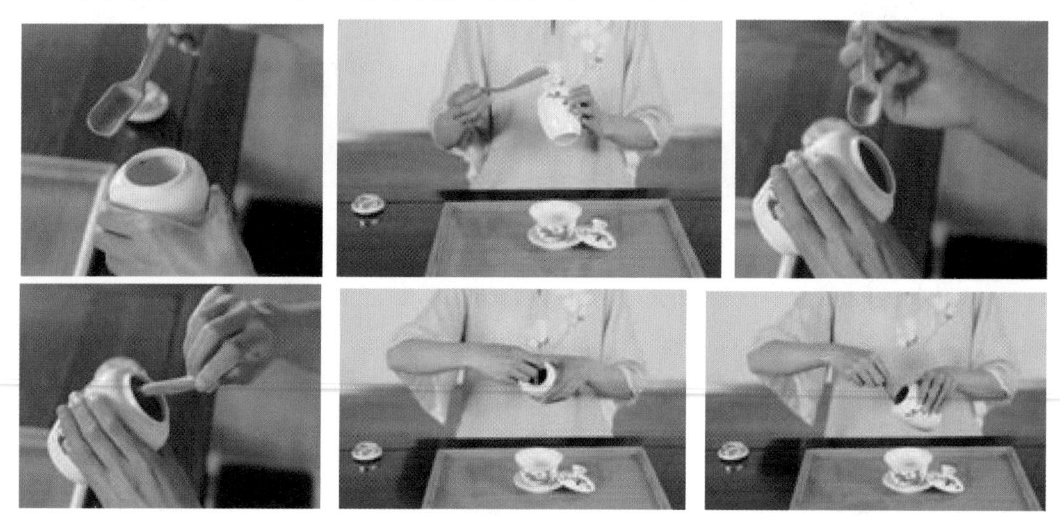

茶则取茶动作分解

2. 置　茶

置于泡茶器中，茶叶罐回正。

茶则放置方法：头部搁于罐口，右手掌从茶则尾部滑上，手心朝下，放下茶则。

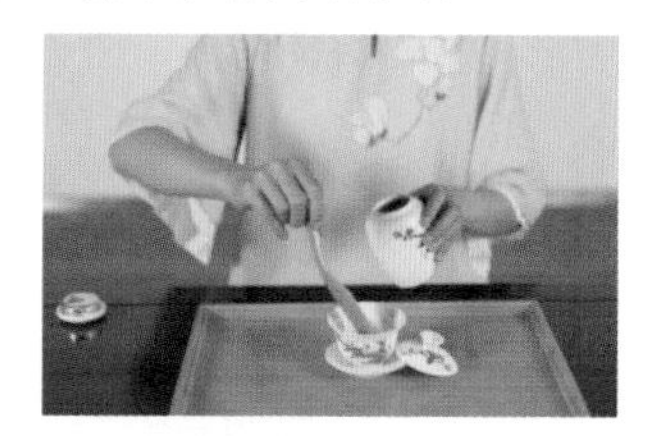

茶则置茶动作分解

细部动作分解图示如下：

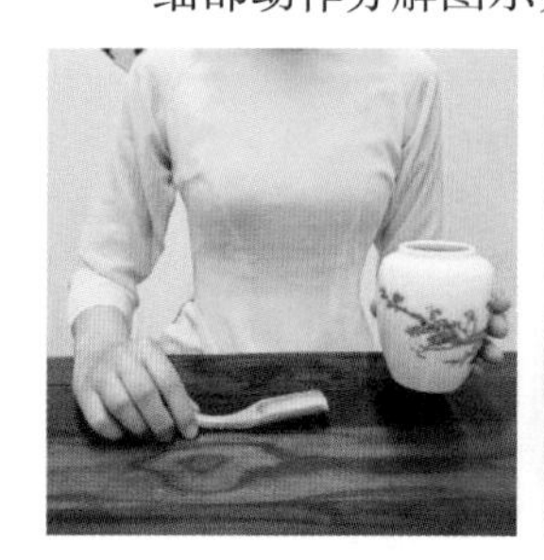

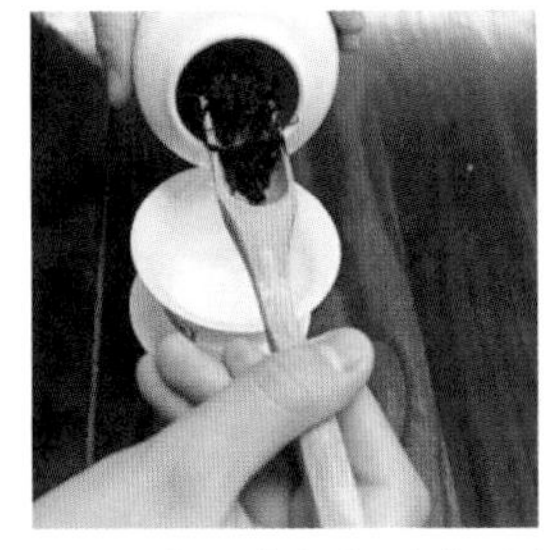

茶则取茶置茶细部动作分解

（六）茶匙取茶、置茶

（1）左手握茶茶罐，右手持茶匙。

右手拇指与食指固定茶匙，其余手指自然弯曲，掌心为空，茶匙尾部顶于手掌。

（2）左手将罐口偏向右侧，罐身平，右手用茶匙拨茶叶入泡茶器。

（3）回正茶罐，放回茶匙，完成置茶。

茶匙取茶置茶动作分解

（七）茶荷取茶、置茶

右手握茶荷，取茶：

（1）左手握茶叶罐，右手握茶荷。

（2）左手倾斜茶叶罐，右手持茶荷。

（3）左手前后转动茶罐，倾倒茶叶后，茶叶罐回正。

（4）茶叶置入泡茶器中，完成置茶。

如左手握茶荷，取茶置茶动作请参照“右手握茶荷”动作。

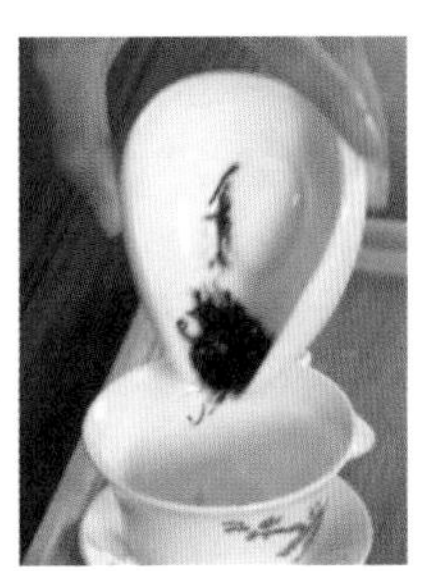

茶荷取茶置茶动作分解

（八）茶匙与茶荷组合取茶、置茶

1. 取　茶

（1）左手握茶罐，右手持茶匙，茶匙尾部顶于手掌上，虎口呈圆形。

（2）左手将茶叶罐向右侧放平，右手持茶匙拨茶叶入茶荷，取茶毕，右手回正茶叶罐，茶叶罐合盖，放回茶罐。

注：取茶量视杯的个数及每个茶杯的容量而定，将茶匙搁在茶巾上，茶匙头部伸出茶巾外。

取茶动作分解

取茶细部动作分解如下：

取茶细部动作分解

2. 置　茶

（1）右手心朝下，端起茶荷。

（2）左手也手心朝下，双手握起茶荷。

（3）左手右手向下滑，向上托住茶荷，掌心为空。

（4）茶荷向里侧偏 45°，左手滑至茶荷中部。

（5）右手取茶匙，茶荷向内侧偏 45°，拨茶入杯（一般分 3 次将一次所需的茶量拨入杯）。

注：第一杯置茶毕，双手移至另一杯上方，再拨茶入杯。

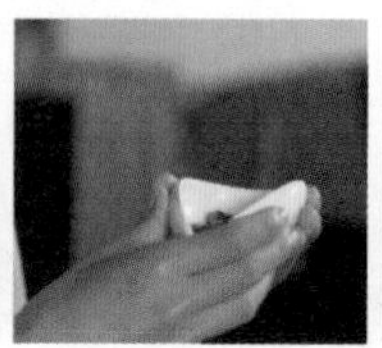
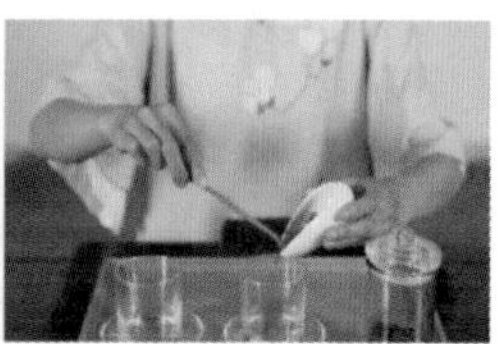

置茶动作分解

（九）圆茶荷赏茶

（1）右手左手手心朝下，虎口成弧形，握住茶荷。

（2）左手右手从上滑到下托住茶荷，手心朝上，虎口成弧形。

（3）双手转动方向，茶荷大口对着品茗者，小口对着习茶者。

（4）双手自然弯曲成抱球状，双肩放松，肘关节下垂。腰带着身体向右转，从右边开始转向品茗者赏茶，目光注视着品茗者。

（5）身体回，正左手从下往上滑，握茶荷。右手从下往上滑，双手握茶荷。赏茶毕，放下茶荷。

细部动作分解图示如下：

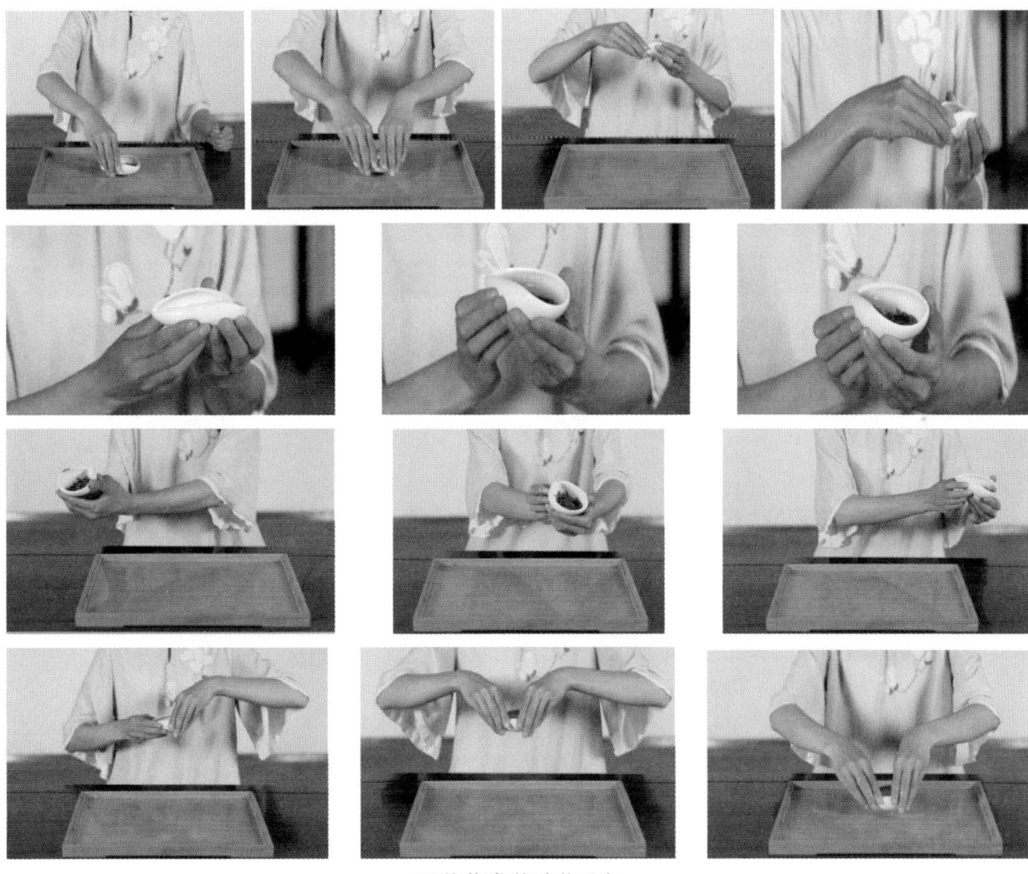

圆茶荷赏茶动作分解

取茶、赏茶

任务六　摇　香

（一）玻璃杯摇香

（1）双手五指并拢，捧起玻璃杯至胸前。

（2）双手虎口相对，双手中指与中指相接，同大拇指一起固定杯底，其余手指自然弯曲，手臂自然弯曲成抱球状，身体中正，头不偏，双肩平衡。

（3）手腕转动，杯口先转向里侧，杯口向右，向前，向左，向里转，缓慢摇香一圈。

（4）再快速转动两圈，茶杯回正，摇香完成。

细部动作分解图示如下：

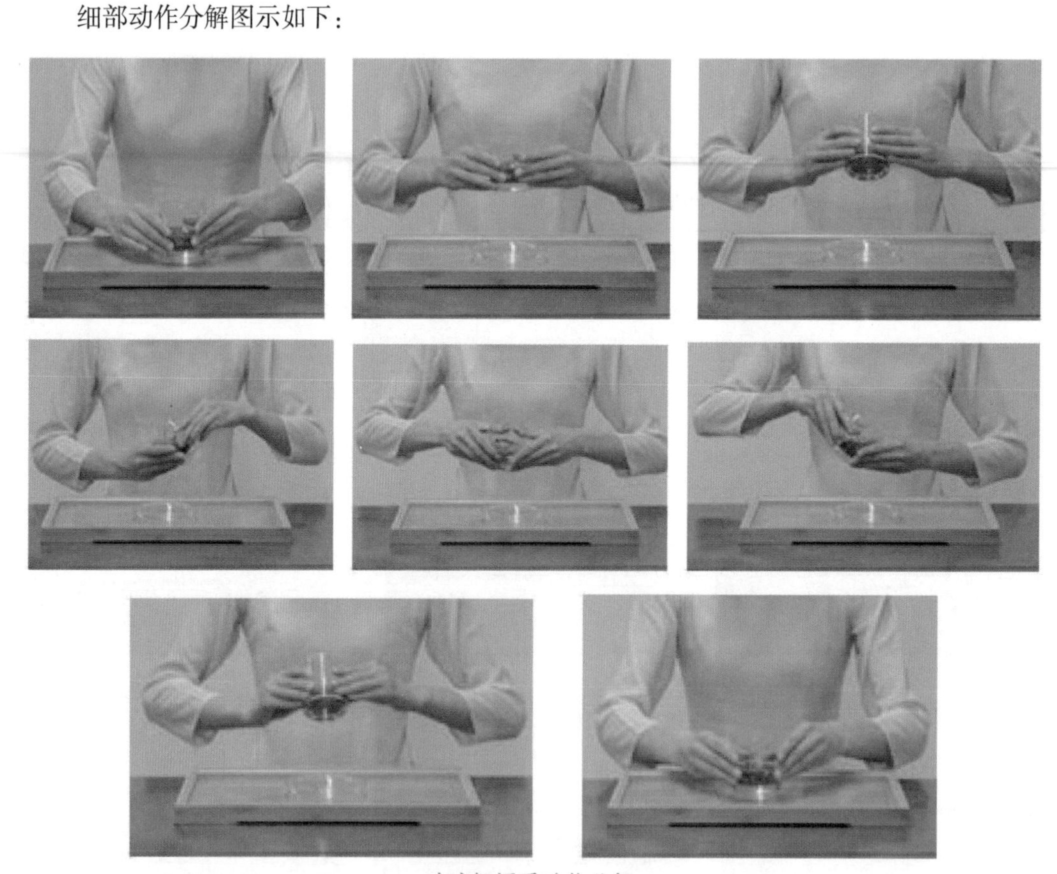

玻璃杯摇香动作分解

（二）盖碗摇香

（1）双手捧起盖碗至胸前。

（2）左手四指指尖为支撑，托住碗底，大拇指护住碗边下方，呈开口向右的 ⊂ 形，右手食指压住碗盖，身体中正。

（3）手腕转动，杯口向右，向前，向里转，快速转动两圈，盖碗回正。

（4）左手掌托碗底，掌心为空，右手持盖往外推，留一条细缝，闻茶香。

（5）盖碗回正，摇香毕。

细部动作分解图示如下：

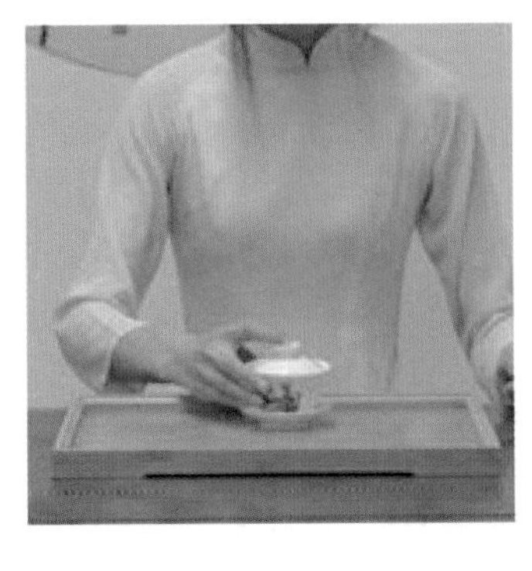

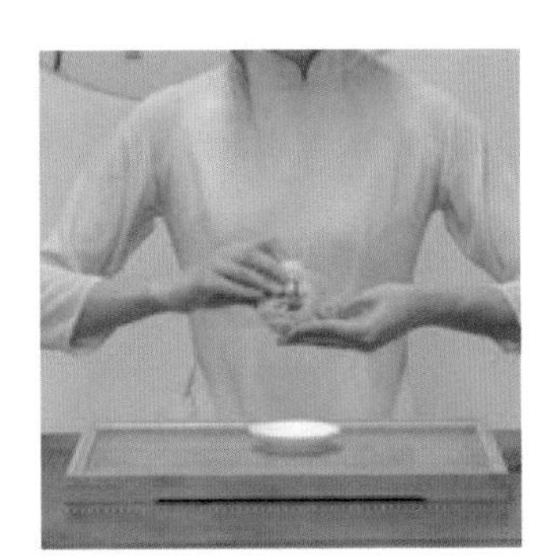
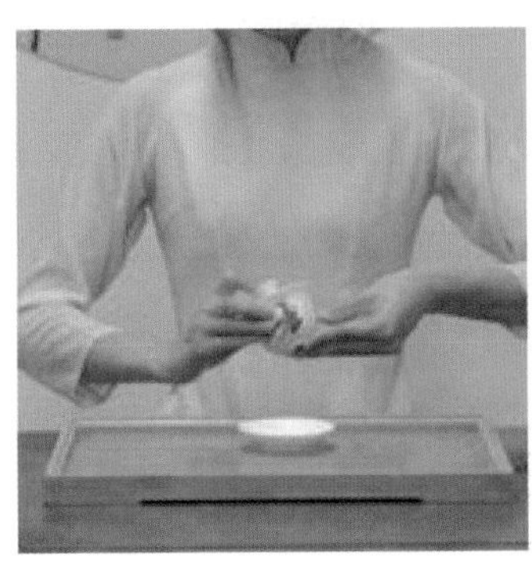
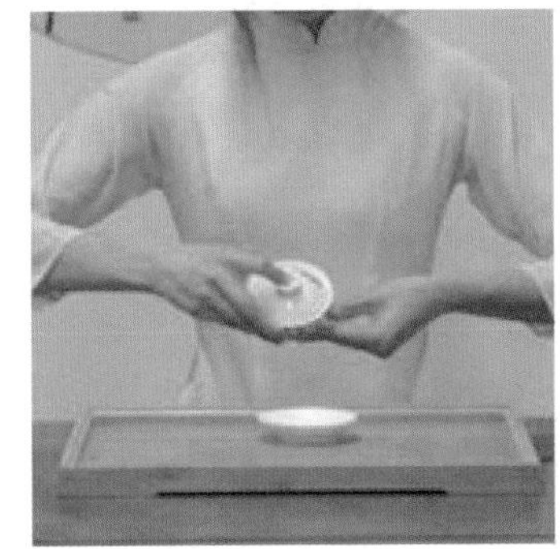

盖碗摇香动作分解

在云平台上传相应的行茶动作，同学间进行互相点评与讨论。

摇香

任务七　注水基础动作

一、斟

斟：稳稳地注水，水流均匀，须沿着碗壁逆时针旋转一圈或者几圈。

动作要领：手提水壶，往盖碗里注水，注至需要的量时收水。

斟动作分解

细部动作分解图示如下：

斟细部动作分解

二、冲

高冲：一次冲水，水流均匀，高处收水。

动作要领：手提水壶，对准泡茶器中心从最高处往下注水，至需要的量时在高处收水。

定点冲：由高到低上下三次或一次性注水完毕，水流均匀。

动作要领：右手提水壶，对准玻璃杯 9 点与 12 点之间位置的杯壁，从高处往下注水，至需要的量时在低处收水。

目的：使茶叶在杯内上下翻滚，使茶汤浓度上下均匀，须重复三次完成注水。

高冲动作分解图示如下：

高冲动作分解

定点冲动作分解图示如下：

定点冲动作分解

三、泡

泡：水的冲击力较小，水流均匀，茶汤柔和。

动作要领：手提水壶，从高处往下注水，水注紧贴容器壁，须逆时针旋转一圈。至需要的量时，在高处收水。

泡动作分解

四、沏

沏：水的冲击力更小，注水温柔。

动作要领：右手提壶，左手持盖碗成 45°，水流淋在盖碗内壁上，沿内壁流入盖碗中。

沏动作分解

完成注水的基础动作，并上传至云平台。

根据视频学习凤凰三点头，并上传至云平台。

注水基础动作

项目十二　绿茶奉茶与饮茶基本动作

学习目标

- 知道奉茶与饮茶基础动作。
- 知道不同场合的奉茶动作以及不同茶器的饮茶动作。

技能目标

- 学会奉茶与饮茶基础动作。
- 能根据合适的场合选择适宜奉茶动作。
- 能根据合适的茶器选择不同的饮茶动作。

素质培养目标

- 通过学习茶艺服务的基本礼仪，可以提升个人素质修养，和谐人际关系，传承中国茶文化传统。

任务一　绿茶奉茶与饮茶动作修习

（一）托盘奉茶（品茗者坐于桌前）

（1）端茶盘至品茗者正前方。

（2）行奉前礼，品茗者回礼。

（3）行奉中礼，品茗者回礼。

（4）行奉后礼，示意“请慢用”。

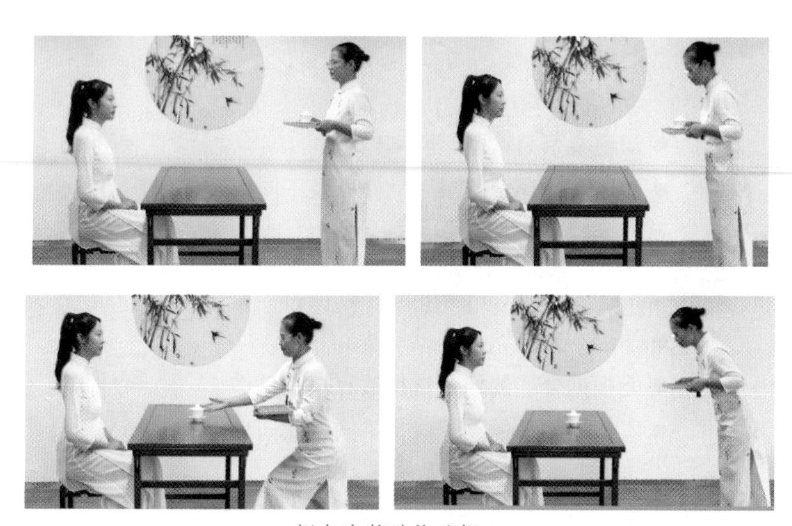

托盘奉茶动作分解 1

（二）托盘奉茶（品茗者站立）

（1）端茶盘至品茗者正前方。

（2）行奉前礼，品茗者回礼。

（3）行奉中礼，品茗者回礼（茶杯端至品茗者手上）。

（4）行奉后礼，示意“请慢用”。

托盘奉茶动作分解 2

（三）托盘奉茶（品茗者围坐桌前）

（1）蹲姿，左手托盘，右手端杯。

（2）端杯至左边品茗者伸手可及处，伸出右手，示意“请”，品茗者回礼。

（3）换右手托盘，蹲姿，左手端杯。

（4）端杯至右手品茗者伸手可及处，示意“请”或“请慢用”，品茗者回礼。

（5）后退，奉茶毕。

托盘奉茶动作分解 3

以下为奉前礼—奉中礼—奉后礼图示。

奉茶礼动作分解

（四）盖碗品饮（女士）

（1）右手取盖碗，交于左手。
（2）左手托住碗托（左手食指与中指成“剪刀状”托底，拇指压住碗托）。
（3）右手取盖闻香。
（4）右手持盖于碗上，朝里留一小缝。
（5）小品品饮，饮毕放下盖碗。

盖碗品饮（女士）动作分解

（五）盖碗品饮（男士）

（1）右手取盖碗，交于左手。

（2）右手取盖闻香。

（3）碗盖向外推，朝里留一小缝。

（4）右手拇指扣住盖碗，其余手指托碗。

（5）小口品饮，饮毕放下盖碗。

盖碗品饮（男士）动作分解

（六）品茗杯品饮（无柄）

（1）双手端杯托，移进茶杯。

（2）右手持杯，食指高于杯口。

（3）端杯观色。

（4）小口品饮，以对面正面看不到嘴为度。

（5）饮毕闻杯底香。

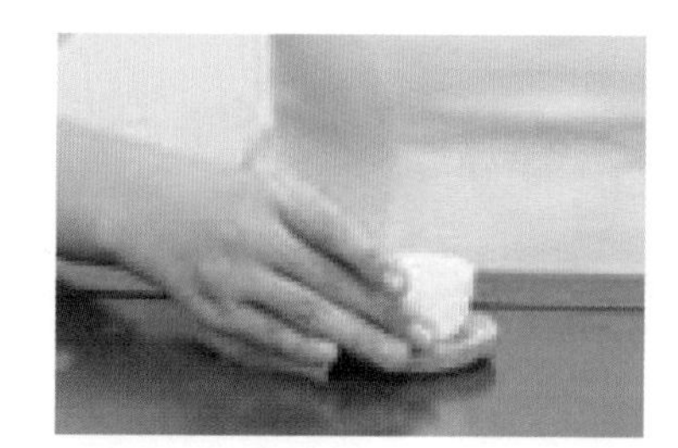

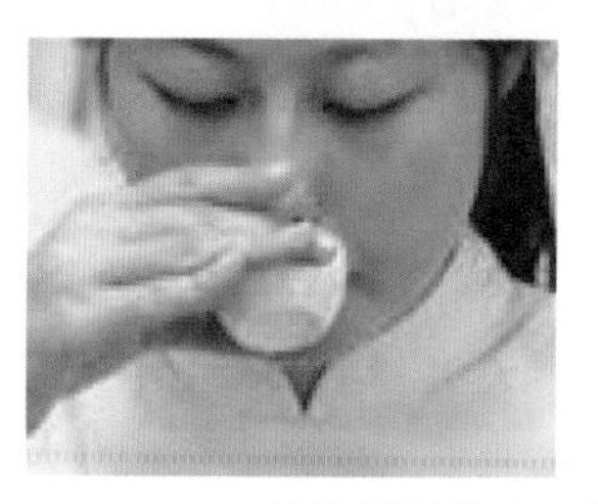

品茗杯品饮（无柄）动作分解

（七）品茗杯品饮（有柄）

（1）双手端杯托，移进茶杯。
（2）右手端杯，观汤色。
（3）小口品饮，饮毕闻杯底香。

品茗杯品饮（有柄）动作分解

（八）双杯品饮

（1）双手虎口成弧形，端起杯托及茶杯至身前。
（2）右手取品茗杯，将品茗杯扣在闻香杯上。
（3）手心朝上，拇指、食指、中指固定住两杯。

（4）右手手腕垂直上下快速翻转，闻香杯倒扣在品茗杯下，手心朝下。

（5）右手向里逆时针轻轻转动闻香杯，往上提。

（6）右手握杯，左手护住，由近及远，三次闻香。

（7）端起品茗杯，先观汤色，再小口品饮，分三口喝完。

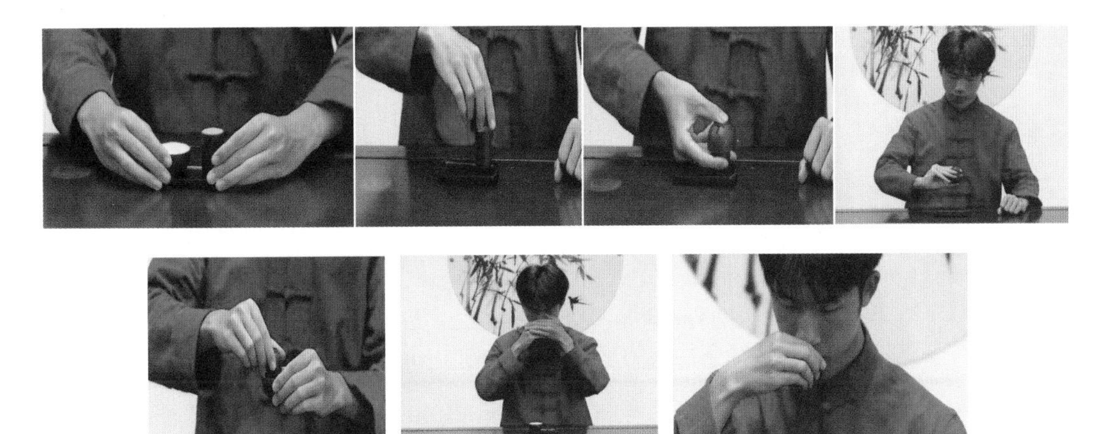

双杯品饮动作分解

完成绿茶奉茶与饮茶动作修习，并拍摄视频上传至云平台。

奉茶与饮茶

项目十三　绿茶冲泡

学习目标

- 知道绿茶冲泡的理论知识。
- 知道绿茶冲泡的流程与重难点。

技能目标

- 会进行绿茶冲泡茶艺表演。
- 能够解说绿茶泡茶步骤。

素质培养目标

- 通过学习绿茶冲泡，提升职业能力与素养，传承中国茶艺文化。

任务一 绿茶冲泡

1. 布 具

3 个玻璃杯倒扣在杯托上，放于茶盘右上至左下的对角线上，水壶放在右下角，水盂放在左上角，茶叶罐放于中间玻璃杯的前面，茶荷叠放在受污上，放于中间玻璃杯的后面。

布具

（1）移水壶，右手握提梁，左手虚护壶身，意为双手捧壶表恭敬，从里至外沿弧线放于茶盘右侧中间。

（2）移茶荷，双手手心朝下，虎口成弧形，手心为空，握茶荷，从中间移至右侧放于茶盘后。

（3）移受污，双手手心朝上，虎口成弧形，手心为空，托受污，从中间移至左侧，放于茶盘后。

（4）移茶罐，双手捧茶罐，从两杯缝间，沿弧线移至茶盘左侧前端，左手向前推，右手为虚。

（5）移水盂，双手捧水盂，从两杯缝间，沿弧线移至茶盘左侧，放于茶罐后，与茶罐成一条斜线。

（6）翻杯，右上角杯为第一个，依次翻杯。

布具完毕，三个玻璃杯在茶盘对角线上，受污与茶荷放于茶盘后，以不超过茶盘左右长度为界限，茶叶罐与水盂在左侧，在茶盘的宽度范围内，水壶置于茶盘右侧中间。

布具动作分解

2. 温　杯

（1）右手提水壶，先沿弧线收回至胸前，调整壶嘴方向，向杯中逆时针注水至杯子的三分之一处。

（2）手腕转动调整壶嘴的方向，往第二个杯逆时针注水至杯子的三分之一处。

（3）腰带着身体略向左转，手腕转动调整壶嘴的方向，往第三个杯逆时针注水至杯子的三分之一处。

（4）双手捧起第一个玻璃杯，手腕转动，温杯。

（5）弃水。

（6）压一下受污，吸干杯底的水。

（7）温第二个玻璃杯，弃水，压一下受污，吸干杯底的水，放回杯托上。

（8）温第三个玻璃杯，弃水，压一下受污，吸干杯底的水，放回杯托上。

温玻璃杯动作分解

3. 取　茶

（1）捧茶叶罐，左手为虚，右手为实捧至胸前。

（2）开盖。

（3）向里沿弧线放下罐盖。

（4）右手持茶匙，虎口为弧形，掌心为空。

（5）取茶。

（6）茶匙搁于受污，茶匙头部伸出。

（7）合盖，放回茶罐。

玻璃罐取茶动作分解

4. 赏　茶

赏茶，腰带着身体从右转至左，目光与品茗者交流，意为“这是制茶人用心制作的茶，我将用心去泡好它，也请您用心去品味它”。

赏茶动作分解

5. 投　茶

（1）右手取茶匙，置茶于第一个杯，约 2 克。

（2）置茶于第二个杯。

（3）置茶于第三个杯。

（4）放下茶荷：放茶匙于茶荷上，托茶荷的左手掌心为空，持茶匙的右手虎口呈圆形，掌心为空。

投茶动作分解

6. 润　茶

（1）提水壶，斟水，逆时针注水至第一个杯子的四分之一处，要求水柱细匀连贯。

（2）向第二个杯子注水，向第三个杯子注水。

（3）注水毕，将水壶放回原处。

润茶动作分解

7. 摇　香

（1）双手捧杯。

（2）摇香，慢速旋转一圈，快速旋转两圈。

（3）第一杯放回原处。

（4）第二杯摇香，放回原处；第三杯摇香，放回原处。

摇香动作分解

8. 冲　泡

（1）用定点冲泡法注水，第一杯冲至 2/3 处。

（2）调整嘴壶方向，第二杯冲至 2/3 处，第三杯冲至 1/3 处。

冲泡动作分解

9. 收　具

（1）收具，从左至右，器具返回的轨迹为“原路”，最后一件从茶盘里移除的器具最先收回，并放回至茶盘原来的位置上。

（2）收水盂，收受污，收茶荷，水壶，放回茶盘原位。

收具动作分解

绿茶盖碗冲泡

玻璃杯冲泡绿茶可观色闻香，而且方便，但盖碗也不失为一种选择，盖碗能更好地衬托出茶汤的鲜绿透亮，搭配绿色的叶片，上下沉浮间，俨然一幅和谐的美景。

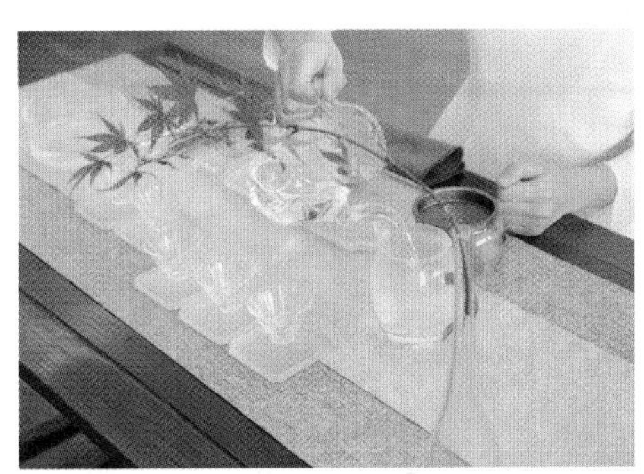

盖碗冲泡动作分解

活动一

完成绿茶茶艺表演，并拍摄视频上传至云平台。

绿茶冲泡

红茶盖碗冲泡

乌龙茶小壶冲泡

宋代点茶

四季茶学，春华秋实

《香茗敬恩师》获得第六届中华茶奥会团体赛最佳创意奖

《湘湖茶事》在人社部第二届技工院校教师职业能力大赛开幕表演

校园樱花与茶主题活动

茶席布置

制茶评茶展示

杭州学习平台

农民丰收丨农业知识·手工炒茶

地方平台发布内容

杭州市萧山供稿中心 2022-04-12

杭州学习平台

如何审评西湖龙井

2022-04-15

茶席插花缘起

四季茶席插花

参考文献

[1] 张星海，方芳．绿茶加工与审评检验 [M]. 北京：高等教育出版社，2015.

[2] 周智修．习茶精要详解 [M]. 北京：中国农业出版社，2018.

[3] 牟杰．评茶员 [M]. 北京：中国轻工业出版社，2018.

[4] 王岳飞，周继红，徐平．茶文化与茶健康 [M]. 北京：旅游教育出版社，2014.

[5] 董君，贾刚．茶楼茶馆 [M]. 北京：中国林业出版社，2017.

[6] 叶宏，钟真．茶艺服务与管理 [M]. 武汉：华中科技大学出版社，2015.

[7] 汪国钧．中国茶菜茶点 [M]. 武汉：山东科学技术出版社，2008.

[8] 詹詹．一席茶：茶席设计与茶道美学 [M]. 北京：中国轻工业出版社，2019.

[9] 李楠．我的私家茶室 [M]. 北京：化学工业出版社，2020.

[10] 常辰．茶流风尚：中式茶空间设计 [M]. 北京：机械工业出版社，2020.

[11] 李启彰．茶器之美 [M]. 北京：九州出版社，2016.

[12] 周滨．中国茶器 [M]. 武汉：华中科技大学出版社，2020.

[13] 中国茶叶流通协会．全国百佳茶馆经营指南 [M]. 北京：科学出版社，2013.